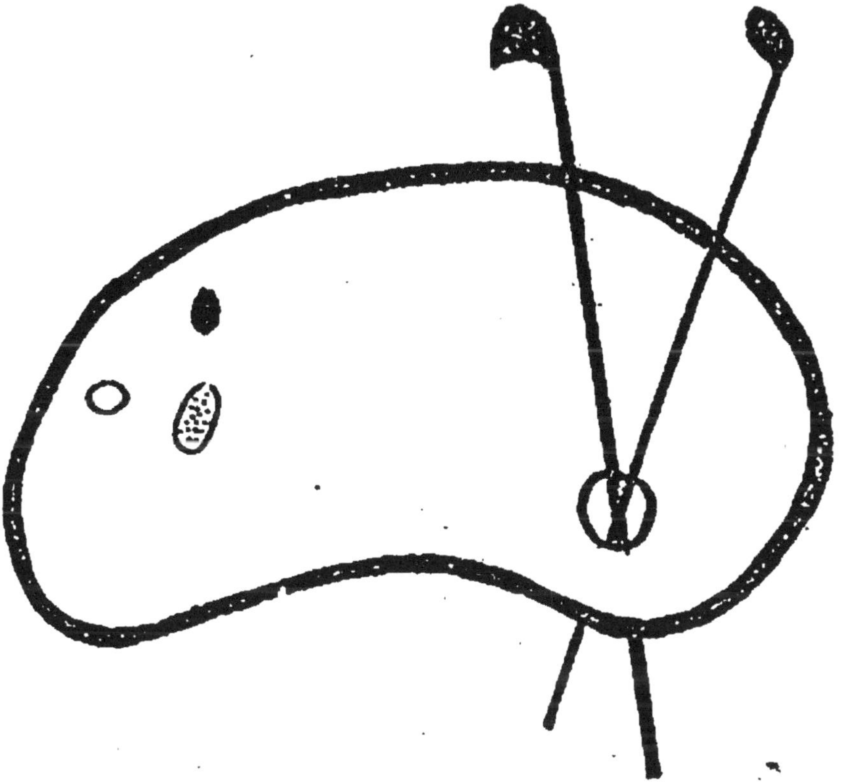

COUVERTURE SUPERIEURE ET INFERIEURE
EN COULEUR

LE CABINET

DU

DOCTEUR NOIR

CAUSERIES SUR LA PHYSIQUE

Par Henri VAN LOOY

ROUEN

MÉGARD ET Cⁱᵉ, LIBRAIRES-ÉDITEURS

BIBLIOTHÈQUE MORALE

DE

LA JEUNESSE

—

1re SÉRIE IN 8o

Laboratoire de physique et de chimie.

LE CABINET

DU

DOCTEUR NOIR

CAUSERIES SUR LA PHYSIQUE

Par Henri VAN LOOY

ROUEN

MÉGARD ET Cⁱᵉ, LIBRAIRES-ÉDITEURS

1883

Propriété des Éditeurs,

PRÉFACE.

Rollin, dans son immortel *Traité des Etudes*, recommande d'enseigner les sciences naturelles à la jeunesse, mais de la manière qui convient à cet âge.

« J'appelle *physique des enfants*, dit Rollin, une étude de la nature qui ne demande presque que des yeux, et qui, par cette raison, est à la portée de toutes sortes de personnes, et même des enfants. Elle consiste à se rendre attentif aux objets que la nature nous présente, à les considérer avec soin, à en admirer les beautés. Cette étude, d'ailleurs, loin d'être pénible et ennuyeuse, n'offre que du plaisir et de l'agrément. On peut commencer à l'apprendre aux enfants dès l'âge le plus tendre, mais en se proportionnant à leur faiblesse, et en ne leur proposant rien qui ne soit à leur portée, soit pour les faits, soit pour les réflexions qu'on y joint. Il est incroyable combien cet exercice, continué régulièrement depuis l'âge de six à sept ans jusqu'à l'âge de douze à quinze ans, remplirait l'esprit des jeunes gens de connaissances utiles et agréables. »

Partant de cette idée, nous avons cherché à présenter la physique sous forme d'une causerie scientifique simple et claire, à la portée de tous ; de sorte que notre travail, écrit dans ces conditions, s'adresse aussi bien à l'homme du monde qu'au jeune étudiant.

Puisse cet ouvrage répondre au but que nous avons voulu atteindre et mériter l'approbation du public !

———

LE CABINET

DU

DOCTEUR NOIR.

❦

I.

OÙ L'ON FAIT CONNAISSANCE AVEC LE DOCTEUR.

Le docteur Michel et sa famille. — La physique et son objet. —
La matière et les corps. — Différents états des corps. — Leurs
propriétés générales. — L'étendue. — L'impénétrabilité. — La
porosité. — La compressibilité. — La divisibilité. — La mobilité.
— L'inertie. — L'élasticité. — L'attraction.

Dans une petite ville du midi de la France, habi-
tait le docteur Michel. Praticien distingué, il avait
mis toute son ambition, depuis plus de vingt ans
qu'il exerçait la médecine, à consacrer ses soins
à ses concitoyens; et pourtant sa science et ses
capacités eussent été dignes de se produire sur
un plus grand théâtre. Mais le docteur Michel

n'était pas avide de renommée. Il lui suffisait de pratiquer son art en se rendant utile à l'humanité souffrante, dans quelque lieu que ce fût. Esclave de sa profession, on était sûr de le trouver chez lui à toute heure du jour et de la nuit : un coup de sonnette, et le *Docteur noir* arrivait.

Le peuple lui avait donné ce nom, parce qu'il était toujours correctement vêtu de noir, et qu'il semblait, le digne philanthrope, porter éternellement le deuil des misères humaines qu'il soulageait avec tant de zèle et d'ardeur.

Resté veuf à la fleur de l'âge, M. Michel n'avait point d'enfant ; mais il avait adopté les deux fils d'une de ses sœurs, Henri et Gaston Dubreuil, qui faisaient en ce moment leurs études au collège de la ville. Mme Dubreuil, qui avait perdu son mari depuis quelques années, s'occupait du ménage de son frère et dirigeait sa maison.

Ils vivaient heureux tous ensemble dans une honnête médiocrité. Le docteur possédait une jolie habitation avec jardin, meublée avec goût et commodément aménagée. Il dirigeait l'éducation de ses neveux de manière à leur faire embrasser plus tard la carrière qu'il suivait lui-même et pour laquelle il avait une prédilection marquée. Travailleur infatigable, et malgré ses occupations multipliées, il trouvait moyen d'étudier encore quelques heures par jour, et de donner, chaque semaine, dans une dépendance de l'Hôtel-de-Ville, un cours élémentaire de physique et de chimie aux contre-maîtres et ouvriers industriels de la localité.

Le cabinet de physique du docteur noir était célèbre à six lieues à la ronde : c'était là, en effet, qu'il donnait ses consultations, et les paysans ne manquaient jamais, en y entrant, de jeter des regards étonnés sur les instruments de cuivre qui en remplissaient les vitrines ou en occupaient le fond. Plusieurs même, à cette vue, inclinaient à croire que le docteur était un peu sorcier; ce qui du reste ne pouvait nuire, chez eux, à sa renommée.

— Bonsoir, mon oncle, dit Gaston au docteur, qui, ses cahiers sous le bras, revenait de l'Hôtel-de-Ville ; aviez-vous beaucoup d'auditeurs aujourd'hui?

— Mais oui ; une cinquantaine ! Ils sont très attentifs, et je ne regrette pas le temps que je leur consacre.

— Ne pourrions-nous pas assister aussi à vos leçons ? demanda Henri.

— Non ; ce milieu ne vous conviendrait pas.

— C'est fâcheux, mon oncle, reprit Gaston ; nous aurions tant de plaisir à vous entendre !

— C'est de la flatterie, cela, répondit M. Michel. Toutefois je suis loin de m'opposer à votre désir de savoir, et, puisque vous aimez tant les sciences physiques, nous pourrons en causer un peu, à bâtons rompus, dans mes moments de loisir. Quand ? Je n'en sais rien. Pour l'instant, j'éprouve une faim dévorante, et je propose d'aller souper.

— Tout est prêt, dit Mme Dubreuil.

Un quart d'heure plus tard, les jeunes gens étaient à table avec leur mère et leur oncle.

— Eh bien ! dit le docteur, si nous parlions un peu physique ce soir ? Il n'y a pas beaucoup de malades en ville, je ne serai pas dérangé. Et d'abord, mon cher Gaston, pourrais-tu définir ce que l'on entend par ce mot *physique?*

— C'est la science de la nature.

— Oui, autrefois la physique était une vaste science qui embrassait la nature tout entière ; mais aujourd'hui, elle est limitée à une petite partie de son ancien domaine. Les astronomes, les naturalistes, les chimistes et les physiciens se sont partagé l'étude de la nature. Laissant donc aux astronomes les astres et leurs révolutions, aux naturalistes les êtres organisés, aux chimistes l'étude des corps dans leur composition intime, la physique fait abstraction de toute individualité : pour elle un corps est un corps, tous les corps ont des ressemblances générales, des propriétés communes ; ils agissent tous de la même manière les uns sur les autres, ou subissent la même action de la part des agents extérieurs. C'est l'étude de ces propriétés et de ces actions générales qui constitue la physique proprement dite. Voyons maintenant ce qu'on désigne sous le nom de *corps.* Henri saura bien nous le dire.

— Mais oui, mon oncle. On donne le nom de

corps à toute portion de matière. La matière est tout ce qui tombe sous les sens, c'est-à-dire qui peut être vu, entendu, goûté, senti, touché.

— C'est cela, reprit M. Michel ; toutefois, pour être mieux compris, j'ajouterai qu'on désigne sous le nom de corps les parties de la matière qui forment des touts distincts. Ainsi une pierre, une goutte d'eau, une bulle d'air, sont des corps. Mais les corps ne sont pas formés tout d'une pièce. Il faut les considérer comme des réunions, en nombre illimité, de petits éléments physiquement indivisibles. Ces dernières particules matérielles des corps sont appelées atomes. Les atomes se groupent entre eux pour former des molécules ou petites masses de matière. Ainsi formés de la réunion d'un plus ou moins grand nombre de molécules matérielles, les corps se présentent ordinairement à nous sous trois états différents : à l'état solide, comme les pierres et le bois ; à l'état liquide, comme l'eau, le vin, le mercure ; et à l'état de gaz ou fluide aériforme, comme l'air. Gaston va nous citer un corps qui offre souvent les trois états.

— N'est-ce pas l'eau, mon oncle? En effet, liquide de sa nature, elle devient solide par la congélation et gazeuse par la vaporisation.

— A merveille. Or, quelle que soit la classe dans laquelle se rangent les corps, ils possèdent certaines propriétés qui leur sont communes à tous, et que pour cette raison on nomme générales. Ces propriétés sont l'étendue, l'impénétrabilité, la porosité, la compressibilité, la divisibilité, la mobilité, l'inertie, l'élasticité et l'attraction. Je vais vous expliquer le sens de ces expressions, tout en m'efforçant d'être clair. Toutefois ces préliminaires un peu arides sont indispensables; mais je m'y arrêterai le moins de temps possible, afin de ne pas vous fatiguer.

Le globe terrestre et tous les astres du firmament sont comme plongés et suspendus au milieu d'une sorte d'immensité, à laquelle l'esprit ne saurait assigner de limites, et que l'on nomme espace ou *étendue*. Or, l'étendue d'un corps n'est rien autre chose que la partie de l'espace occupée par ce corps. En d'autres termes, c'est la manière dont la grandeur d'un corps est limitée dans tous les sens, en présentant les trois dimensions : longueur, largeur et épaisseur. Quelque petit qu'on puisse le concevoir, chaque corps possède ces trois dimensions et est nécessairement terminé par des surfaces : il a donc nécessairement une forme, et de la variété dans l'arrangement des surfaces résulte cette variété infinie dans la figure des corps. L'étendue d'un corps, considérée relativement à la grandeur de ses dimensions, donne le volume de ce corps.

De quelque manière que deux corps se pressent ou se choquent, quel que soit leur état, solide, liquide ou gazeux, ils ne peuvent jamais pénétrer l'un dans l'autre, jamais occuper le même espace en même temps. Cette propriété en vertu de laquelle un corps exclut tout autre corps de l'espace qu'il occupe a reçu le nom d'*impénétrabilité*. Vous savez qu'un corps solide, pressant un autre corps solide, s'arrête sans pouvoir prendre sa place; ou s'il la prend, ce n'est qu'après l'en avoir chassé. Si l'on verse un dem' verre "eau colorée dans un demi-verre d'eau naturelle, les molécules des deux liquides, bien qu'elles se mêlent entre elles, n'occupent pas le même espace en même temps, puisqu'au lieu d'un demi-verre, on obtient par le mélange un verre plein de liquide. Enfoncez une cuiller dans une tasse remplie jusqu'aux bords d'une liqueur quelconque, vous verrez à l'instant la partie du liquide dont la cuiller a pris la place s'épancher au dehors. Plongez dans l'eau un verre ou un flacon renversé, vous ne verrez pas le liquide s'élever jusqu'au fond du vase immergé : il en sera empêché par l'air qu'il renferme. Tous les corps, même les gaz, sont donc impénétrables; et c'est à l'impénétrabilité des gaz que l'on doit l'admirable invention de la cloche du plongeur, au moyen de laquelle un homme peut descendre au fond des rivières et des mers, sans courir le risque de se noyer.

Les molécules de matière qui, par leur réunion, forment les corps, laissent entre elles des intervalles, des vides plus ou moins grands, relativement à leur extrême ténuité. Ces vides ont reçu le nom de pores, et leur existence dans les corps

constitue leur *porosité.* Cette propriété est générale, commune à tous les corps; car on n'en
connaît aucun, quelque compact, quelque dur
qu'il soit, dans lequel l'absence de pores se fasse
remarquer. Les pierres à filtrer, employées dans
les fontaines pour clarifier l'eau, doivent cette
propriété à leur grande porosité. Un morceau de
sucre blanc, plongé dans l'eau, se couvre à
l'instant de petites bulles d'air qui s'élèvent à la
surface du liquide. Cet air provient des pores du
sucre qui le retenaient dans leurs cavités. Les
boiseries, exposées à l'humidité, se gonflent par
l'action de l'eau qui s'introduit dans les pores du
bois, en écarte les fibres et en augmente ainsi le
volume. Par la raison contraire, la sécheresse
produit un effet opposé. Les tonneaux, cuvettes
et autres vaisseaux de bois se détériorent pendant les chaleurs, si l'on n'a pas la précaution
de les tenir pleins d'eau ou de les remiser dans
un lieu frais et humide.

Enfin, les corps les plus compacts offrent le
phénomène de la porosité : les pierres que l'on
retire du fond de la mer sont pénétrées d'humi-

dité jusque dans leur intérieur; une boule d'or creuse remplie d'eau, si on la soumet à une forte pression, laisse suinter le liquide à travers les pores du métal. On peut donc dire que tous les corps sont poreux, quoique à des degrés différents, selon leur nature. Et de là il résulte que le volume d'un corps ne saurait servir de base pour déterminer la quantité de matière que renferme ce corps.

La somme des molécules d'un corps, c'est-à-dire la quantité totale de matière qu'il contient, s'appelle la masse de ce corps. Vous avez déjà compris que plus un corps offrira de pores, moins il contiendra de molécules matérielles ; au contraire, moins un corps offrira de pores, plus il contiendra de molécules matérielles. Or, le nombre plus ou moins grand de molécules matérielles que contient un corps sous un volume déterminé constitue la densité de ce corps. Ainsi, lorsque je dis que l'or est plus dense que le fer, j'indique par ce mot que, sous un même volume, l'or renferme plus de molécules de matière que le fer. En effet, un cube d'or de trente-deux centimètres de côté environ pèse six cent soixante-quinze kilogrammes, et un cube de fer égal n'en pèse que deux cent soixante-douze.

De la porosité des corps se déduit naturellement leur *compressibilité*. En effet, comprimer un corps, c'est en rapprocher les diverses parties et les forcer à présenter un volume moindre qu'auparavant. Les molécules des corps se rapprochent en raison des pores ou des vides qui existent entre elles ; et comme tous les corps sont plus ou moins poreux, ils sont aussi tous plus ou moins compressibles, selon leur nature particulière. De tous les corps connus, ceux qui possèdent la propriété de compressibilité au plus haut degré sont les gaz ; après eux viennent les solides, et en dernier lieu les liquides, qui ne sont que faiblement compressibles.

La propriété qu'ont les corps de pouvoir être séparés en plusieurs parties, et ces parties elles-mêmes en particules de plus en plus petites, jusqu'à ce qu'enfin elles échappent à nos sens, s'appelle *divisibilité*. Le raisonnement poursuit encore la divisibilité au delà des limites que les sens ne peuvent franchir ; car dans un corps, quelque petit qu'on le suppose, il est toujours possible de concevoir par la pensée deux moitiés. Cette considération amène naturellement l'esprit à se demander si la matière est divisible à l'infini ou non.

Sans vouloir trancher cette question, je me contenterai de vous faire remarquer que la nature et les arts nous offrent les corps réduits en particules dont le nombre et la petitesse étonneront tous ceux qui voudraient entreprendre de les soumettre au calcul. Ainsi, cinq centigrammes de carmin suffisent pour colorer d'une manière sensible quinze kilogrammes d'eau. Or, le poids de la masse liquide étant trois cent mille fois plus grand que celui du carmin employé, si on suppose que chaque centigramme d'eau contienne seulement deux molécules de carmin, on aura trois millions de parties visibles dans cinq centigrammes de carmin ! Sous le marteau de l'ouvrier qui bat l'or pour le réduire en feuilles, un grain de ce métal acquiert une étendue de trois mètres soixante-six centimètres carrés, qu'on peut diviser en quatre millions de parties sensibles à la vue. Ceux qui préparent le fil d'or ou le fil d'argent pour le convertir en galons, portent cette prodigieuse extension de l'or au point de réduire trente grammes de métal en plus de vingt-cinq billions de parties visibles.

Posez sur des charbons ardents une cassolette remplie d'une liqueur odoriférante. Lorsqu'elle commence à bouillir, la vapeur qui s'en exhale se fait sentir dans tous les points du lieu où se fait l'expérience. Supposez un salon de cinq mètres en tous sens, et la liqueur évaporée de vingt-deux millimètres cubes : vous trouverez que le nombre des particules odoriférantes qu'ils ont données, en n'en supposant que quatre dans chaque ligne cube d'air, est de plus de cinq trillions huit cent quatre billions. Et c'est une quantité de matière qui, réunie, n'égalerait pas le volume d'un petit grain de sable qui a donné ce nombre de parties effrayant pour l'imagination.

Vous pouvez vous convaincre encore de

l'extrême divisibilité des corps lorsque vous vous promenez dans un jardin pour y respirer les parfums divers qu'exhalent les fleurs. De quelle inexprimable petitesse ne doivent pas être les corpuscules odoriférants d'un œillet qui se divisent, se répandent dans l'air, voltigent de toutes parts et viennent sans interruption frapper si agréablement l'odorat !

L'invention du microscope a fait découvrir dans la nature un nouveau monde d'êtres vivants, dont l'infinie petitesse nous confond. Dans une petite quantité de cette poussière qui se forme sur le fromage sec, apparaît une fourmilière d'animaux de même espèce, dans lesquels on aperçoit jusqu'à la circulation interne des humeurs. Une goutte d'eau de mare offre l'aspect d'un étang où nagent une foule d'animaux de diverse nature, et bien caractérisés dans leur espèce. Comme les poissons, ils exécutent des mouvements rapides et variés ; ils se dirigent vers un but ; ils évitent des obstacles ; ils ont besoin d'une nourriture, et ils savent la chercher et la saisir. Et ces animalcules, un millier de fois plus petits qu'un grain de sable, ont des organes, des muscles, des veines et des nerfs! Quelle sera la petitesse de leurs œufs, de leurs petits, des membres de ceux-ci, de leurs vaisseaux, des liqueurs qui y circulent! L'imagination se perd dans ce monde des infiniment petits.

La propriété qu'ont les corps de pouvoir passer d'un lieu dans un autre s'appelle *mobilité*. On nomme *mouvement* l'état d'un corps qui change de lieu ; *repos*, sa permanence dans le même lieu. Il n'y a point dans la nature de mouvement ou de repos absolus, puisque tous les corps y sont soumis au double mouvement de rotation et de translation de la terre dans l'espace. Le mouvement ou le repos des corps que nous voyons sont donc seulement relatifs ou apparents.

L'*inertie* est une propriété générale des corps purement négative : c'est l'inaptitude de la matière à passer d'elle-même de l'état de repos à l'état de mouvement, ou à modifier le mouvement dont elle est animée. Mais, direz-vous, les corps tombent lorsqu'on les abandonne à eux-mêmes? Certainement ; mais cela provient de la force attractive qui les dirige vers le centre de la terre, et non de leur spontanéité. Si la vitesse d'une bille sur le billard se ralentit graduellement, cela résulte de la résistance de l'air que la bille déplace et de son frottement contre le drap. Mais toutes les fois qu'il n'y a pas de résistance, le mouvement des corps se continue sans altération, ainsi que les astres nous en offrent un exemple dans leur révolution autour du soleil. Les corps célestes, en effet, se meuvent dans un milieu qui n'offre pas de résistance, en sorte que la permanence des lois auxquelles ils obéissent est une preuve de l'inertie de la matière en mouvement.

Un grand nombre de phénomènes s'expliquent par l'inertie de la matière. Vous avez vu souvent des personnes tomber en voulant descendre d'un omnibus en mouvement ; pourquoi? Parce que celui qui descend d'une voiture en marche participe au mouvement de cette voiture ; et s'il n'imprime pas à son corps un mouvement en sens contraire à l'instant où il touche le sol, il sera fatalement renversé dans la direction que suit la voiture. C'est aussi l'inertie qui rend si terribles les accidents de chemins de fer. En effet, que la locomotive vienne brusquement à s'arrêter, tout le convoi continue sa marche en vertu de sa vitesse acquise, et les wagons vont se briser les uns contre les autres. Le génie de l'homme est parvenu souvent à utiliser l'inertie de la matière. Plusieurs machines qui doivent tourner sur elles-mêmes et développer de grands efforts, sont pourvues d'énormes roues de fonte qu'on nomme volants, et qui, une fois en mouvement, continuent à tourner avec la même vitesse et servent ainsi à régulariser le mouvement des machines à vapeur.

On donne le nom de *force* à toute cause qui peut faire passer un corps de l'état de repos à celui de mouvement, ou produire l'effet inverse. L'espace qu'un corps en mouvement parcourt pendant l'unité de temps s'appelle la vitesse de ce corps : l'unité de temps est la seconde; l'unité d'étendue, le mètre, qui sert à mesurer les espaces parcourus. Supposez qu'un boulet au sortir du canon parcoure trois cents mètres dans une seconde, et que dans la même durée de temps une flèche décochée par un arc ne parcourût que cent mètres, la vitesse du boulet sera trois fois celle de la flèche. Le mouvement d'un corps est uniforme quand la vitesse reste la même pendant tout le temps que le corps se meut ; il est varié quand la vitesse change. Mais je ne veux pas m'étendre davantage sur ce sujet, par trop abstrait pour des commençants, et je reviens aux propriétés générales des corps.

L'*élasticité* est cette propriété par laquelle un corps revient à sa forme ou à son volume primitif, quand la cause qui changeait cette forme ou ce volume cesse d'agir. Prenez une vessie remplie d'air, comprimez-la, puis cessez de la presser, et aussitôt, en vertu de l'élasticité, elle reviendra à sa forme première. Un arc tendu se détend, sitôt que la main laisse échapper la corde. Le fil qui a été tordu se détord, quand il est abandonné à lui-même. La lanière de caoutchouc revient à sa longueur première, quand la force qui l'étirait l'abandonne.

Dans un grand nombre de phénomènes d'élasticité, les molécules momentanément dérangées de leur place ou de leur position d'équilibre y retournent avec des vitesses capables de produire des réactions remarquables. C'est par un effet de ces réactions qu'une bille d'ivoire, lancée avec force sur une table de marbre, rejaillit à une grande hauteur; que des gouttes de mercure, qu'on laisse tomber sur le parquet, rebondissent comme de petites balles; c'est en vertu de la vitesse avec laquelle les extrémités de l'arc reviennent à leur première position, que la flèche part avec tant de rapidité.

Le fruit qui se détache de l'arbre, le vase qui échappe à la main qui le soutenait, se précipitent vers la surface de la terre, entraînés par une force à laquelle on a donné le nom d'*attraction*. Cette force réside dans tous les corps de la nature. Elle s'exerce entre les masses les plus considérables comme entre les moindres particules de la matière : c'est elle qui rend raison de l'harmonie de l'univers ; c'est par elle aussi qu'on explique la formation de tous les corps.

Selon le genre d'action qu'elle opère, cette force multiple prend des noms différents : lorsqu'elle n'a pour objet que d'unir entre elles les différentes molécules qui constituent un corps, c'est l'*attraction moléculaire* ; lorsqu'elle précipite à la surface du globe les corps qui en ont été séparés, c'est la *pesanteur* ; enfin, quand elle retient les corps célestes dans les limites de leur route accoutumée, c'est la *gravitation céleste.*

L'attraction moléculaire est cette force par laquelle les molécules de la matière sont attirées les unes vers les autres et tendent à s'unir entre elles d'une manière plus ou moins solide, plus ou moins durable. Mais pour que cette force puisse agir sur les molécules matérielles, il faut que les distances qui les séparent soient infiniment petites. On a vu souvent, dans les manufactures de glaces, des glaces polies appuyées les unes contre les autres contracter une telle adhérence, qu'il n'était plus possible de les séparer. Lorsque l'attraction s'exerce entre les molécules matérielles pour en composer un corps, elle n'agit pas indifféremment sur toutes leurs faces, mais elle semble choisir celles par lesquelles elle doit les réunir. De là naissent ces formes régulières et constantes de certains corps auxquels on a donné le nom de cristaux.

L'attraction moléculaire porte différents noms suivant qu'elle s'exerce entre des molécules de même nature ou de nature différente : dans le premier cas on l'appelle *cohésion*, dans le second *affinité*. Ainsi, c'est la cohésion qui unit entre elles les molécules de fer dans une barre de ce métal ; dans un corps composé, le composé de soufre et de plomb, par exemple, c'est l'affinité qui unit les molécules de soufre aux molécules de plomb. Mais la force qui unit ensuite les unes aux autres les molécules composées de soufre et de plomb, c'est encore la cohésion. La force de cohésion d'une substance se mesure par l'effort qu'il faut exercer pour désunir les molécules de cette substance. Il suit de là que cette force est nulle dans les gaz, très faible dans les liquides, et plus ou moins grande dans les solides. La viscosité, si remarquable dans certains liquides, et la sphéricité plus ou moins parfaite de leurs gouttes, suffisent pour démontrer que la cohésion est sensible dans ces corps. C'est cette même force qui, combinée avec l'attraction que les substances solides exercent sur les liquides, maintient une goutte liquide suspendue à l'extrémité d'un tube.

Tous les corps existant dans la nature ont donc une tendance à s'attirer mutuellement. Posez quelques menus morceaux de liège à une petite distance les uns des autres, au milieu d'un bassin rempli d'eau : après un espace de temps bien court, vous remarquerez que ces objets se seront rapprochés et formeront une sorte de petit radeau. Si vous placez ces corps plus près des parois du vase, ils seront attirés vers elles, et cela avec d'autant plus de vitesse, qu'ils s'en trouveront plus rapprochés. Pourquoi les gouttes de pluie, comme les gouttes qui sont formées par un liquide qui s'épanche, sont-elles rondes ? Parce que les molécules qui les composent s'attirent mutuellement et s'efforcent de s'unir intimement autour d'un même centre.

Dans certains phénomènes fort simples que vous voyez se passer souvent sous vos yeux, l'attraction moléculaire se manifeste d'une manière extrêmement remarquable. Vous avez observé plusieurs fois l'ascension d'un liquide dans un morceau de sucre dont une partie seulement y plonge. Ce phénomène est dû à l'attraction moléculaire. Voici un tube. Plongez-le dans un liquide. Que voyez-vous? Le liquide s'y élève d'autant plus, que le tube est plus fin, c'est-à-dire que son diamètre intérieur est plus petit. Cette propriété des tubes capillaires, ainsi nommés parce qu'ils sont fins comme des cheveux, d'élever les liquides, est appelée capillarité, et les phénomènes qui en dépendent sont appelés phénomènes capillaires. L'eau est soulevée par l'attraction des parois solides du tube sur les molécules liquides en contact avec ces parois.

Les cavités ou interstices innombrables dont les corps sont remplis font l'office de tubes capillaires, toutes les fois que ces corps sont en contact avec un liquide ; et si celui-ci est de nature à les mouiller, on le voit s'élever, à la faveur de ces petits canaux, à des hauteurs qui étonnent ceux qui ignorent la cause de ce phénomène. C'est ainsi qu'un tas de sables dont la base est baignée par l'eau peut se trouver mouillé jusqu'au sommet ; que l'humidité se propage quelquefois jusqu'aux étages supérieurs d'un édifice dont les fondations sont trop voisines d'un lac ou d'une rivière. C'est encore la capillarité qui élève tous les jours l'huile ou la cire fondue aux extrémités des mèches, où leur combustion doit nous éclairer ; c'est elle aussi qui fait monter et redescendre la sève dans les plantes.

Les phénomènes capillaires que je viens de vous décrire se produisent toujours lorsque le liquide mouille le verre des tubes ; mais lorsque le liquide dans lequel on le plonge n'est pas susceptible de mouiller le verre, comme le mercure, par exemple, le niveau intérieur des tubes reste toujours au-dessous du niveau extérieur, en présentant une surface courbe convexe, et cela parce que le mercure ne mouillant pas le verre, l'attraction des molécules liquides entre elles est plus forte que celle que peuvent exercer les parois du tube sur les molécules du mercure.

M. Michel s'arrêta un instant, et, jetant un regard sur son auditoire, il aperçut les yeux brillants et attentifs de ses neveux fixés sur lui avec un vif intérêt. Quant à Mme Dubreuil, fatiguée sans doute des préparatifs du souper et des tracas d'une journée laborieuse, elle s'était profondément endormie.

— Maman n'aime pas la physique, dit Gaston en riant.

— Mais je ne dors pas du tout, s'écria Mme Dubreuil en s'éveillant en sursaut.

— Evidemment, répondit le docteur. C'est égal, ma chère amie, lorsque tu éprouveras des insomnies, j'ai maintenant un excellent remède : je t'expliquerai à demi-voix les propriétés générales des corps.

II.

LA PESANTEUR.

Plusieurs jours se passèrent. Très occupé à la suite d'une épidémie de fièvre maligne qui sévissait dans la ville, M. Michel avait à peine le temps de rentrer chez lui pour prendre ses repas. A tout moment, la sonnette se faisait entendre. Mme Dubreuil était sans cesse en chemin. Elle se plaignait bien un peu de cette trop nombreuse clientèle, mais son bon cœur et son égalité d'humeur lui faisaient oublier la fatigue.

3

— Enfin, me voici ! dit un soir le docteur en rentrant. J'espère que je ne serai plus dérangé aujourd'hui. Le souper est-il prêt, ma sœur ?

— Certainement. Nous t'attendions. Je vais appeler les enfants pendant que tu iras changer de chaussures et mettre ta robe de chambre.

— Je suis donc à vous dans un instant, répondit M. Michel.

Bientôt toute la famille fut réunie autour d'une table frugale ; le repas terminé, le docteur dit à ses neveux :

— Mes amis, allumez le gaz dans mon cabinet ; nous y passerons la soirée ensemble, tout en continuant nos causeries.

— Bravo ! répondit Gaston. Nous n'osions pas vous en prier, mon oncle ; mais puisque vous voulez bien....

— Ce sera une distraction en même temps qu'un délassement pour moi de contribuer ainsi à votre instruction, mes chers amis. Venez donc.

— J'ai ranimé le feu et allumé le gaz, dit Henri.

— Puisque tout est prêt, reprit M. Michel, installons-nous autour de la table et causons.

Je vous ai déjà dit que tous les corps sont pesants, c'est-à-dire que, libres dans l'espace, ils tendent tous vers le centre de la terre. Cette cause, qui occasionne la chute des corps, n'est rien autre chose que l'attraction que toutes les molécules du globe exercent sur les corps : elle se nomme *pesanteur*. Cela ne veut pas dire que ceux-ci n'exercent point une attraction pareille sur la masse du globe ; mais, comme l'attraction exercée à distance par un corps est proportionnelle à la masse de ce corps, on conçoit sans peine que les forces attractives des corps, même les plus énormes, disparaissent devant les forces attractives du globe terrestre, dont la masse est incomparablement plus grande.

— Toutes les molécules d'un corps quelconque sont donc attirées par la terre, et, en même temps, elles attirent toutes les molécules de la terre ? demanda Gaston.

— Certainement, répondit M. Michel. L'attraction se fait de molécules à molécules ; aussi

est-elle d'autant plus forte, qu'il y a plus de molécules, c'est-à-dire que la masse ou la quantité
de matière des corps est plus considérable. La
mesure de cette attraction est le poids du corps :
c'est la pression que le corps attiré fait subir aux
corps qui le supportent.

— Alors, interrompit Henri, puisque les corps
les plus pesants sont ceux qui sont le plus
attirés, ils doivent tomber plus vite que les
autres ?

— Nullement, répondit M. Michel. Si la pesanteur agit plus fortement sur ces corps, en
revanche elle a aussi plus de travail à accomplir.

— Pourtant, reprit Gaston, un morceau de
papier ou un bouchon de liège tombent beaucoup
moins vite qu'une pierre.

— Oui, mais cette différence n'est que le
résultat de la résistance de l'air, qui agit ici en
sens contraire de la pesanteur. Ce qui le prouve,
c'est que, dans le vide, tous les corps tombent
avec la même vitesse, une balle de plomb aussi
bien qu'une plume légère ou un petit morceau de
papier. Voici un long et large tube herméti-

quement fermé à l'une de ses extrémités ; à l'autre est adapté un robinet de cuivre pouvant se visser en même temps sur la machine pneumatique, qui sert à aspirer l'air, à faire le vide. Je place dans ce tube une balle de plomb, des morceaux de liége, des fragments de plumes. Henri va faire aller la pompe et enlever l'air du tube. C'est cela. Maintenant, ferme le robinet, enlève le tube, renverse-le. Que voyez-vous?

— Tiens ! s'écria Gaston, tous les corps placés dans la partie inférieure par mon oncle tombent, et les voilà déjà arrivés en même temps au fond du tube !

— C'est étrange, dit Henri.

— Pas du tout, répondit le docteur. Cela prouve que les molécules de tous les corps renferment la même quantité de matière, ont la même masse ; par conséquent, lorsque la terre les attire, elles doivent toutes tomber vers sa surface avec la même rapidité, et il doit en être de même de leurs ensembles, c'est-à-dire des corps qu'elles composent.

— La pesanteur est donc une force qui agit

d'une même manière sur tous les corps? demanda Gaston.

— Evidemment; je viens de le prouver, dit M. Michel. Mais dans quelle direction agit-elle, cette force? On peut facilement le reconnaître au moyen du fil à plomb, qui est tout simplement un corps pesant, une boule de plomb, par exemple, attachée à un fil. En transportant cet instrument dans différents endroits, on voit le fil prendre toujours la même direction, rester parallèle à lui-même, et on peut voir aisément qu'il est aussi toujours perpendiculaire à la surface des eaux tranquilles. Cette direction est appelée verticale, et la direction perpendiculaire des surfaces liquides est appelée horizontale. Or, toutes les verticales étant dirigées vers le centre du globe terrestre, tous les corps, en tombant, se dirigent vers le centre.

Si l'on conçoit placée au centre de la terre une molécule idéale ayant pour masse celle de la terre, l'attraction de cette molécule sera exactement la même que celle qu'exerce la terre sur les corps placés à sa surface. C'est ce que le calcul démontre.

Il résulte de là une conséquence importante. Vous savez que la terre n'est pas absolument sphérique, mais qu'elle est aplatie vers les pôles; d'où il suit que les corps placés près des pôles sont moins éloignés du centre de la terre que ceux qui sont placés vers l'équateur. Par conséquent les corps seront plus pesants aux pôles; car, vers ces points, les corps, étant plus rapprochés du centre du globe terrestre, se trouvent par cela même plus attirés.

La forme de la terre influe donc sur la pesanteur et la fait varier selon les lieux. Une autre cause de la variation de la pesanteur, c'est la force centrifuge. Qui de vous ne s'est amusé, dans son enfance, à faire tourner une balle ou tout autre corps pesant attaché à l'extrémité d'une corde, et ne s'est aperçu que celle-ci éprouvait pendant ce mouvement une tension analogue à celle qu'eût produite une force directe cherchant à arracher l'objet mobile à la main qui le retenait? Le mouvement de rotation de la terre autour de son axe engendre pareillement une force qui tend à disperser dans l'espace les divers éléments de notre globe et qui a pour effet de diminuer d'autant plus l'action de la pesanteur, qui tend à précipiter tous les corps vers un centre commun, que ces corps sont plus près de l'équateur.

La force centrifuge s'accroît avec le poids des corps auxquels on imprime le mouvement circulaire. C'est ainsi que la menue paille, étant plus légère que le grain, vient se placer au centre du van dont le cultivateur se sert pour nettoyer le blé. Quand on attache une corde à un verre rempli d'eau, et qu'on fait tourner rapidement cet appareil, le liquide ne s'épanche pas, la force centrifuge le pressant contre le fond et les parois du vase. Au cirque, les écuyers, debout sur leurs chevaux, parcourent circulairement l'arène, en se penchant en dedans, et plus la course de l'animal est rapide, plus ils se tiennent fermes et semblent comme collés sur lui. S'ils se penchaient en dehors pour exécuter ces exercices, ils tomberaient.

Voici encore quelques exemples où se manifeste la force centrifuge. Une voiture qui doit décrire une ligne courbe au tournant d'une rue acquiert une force centrifuge qui l'expose à verser. Plus la vitesse de la voiture est grande et la courbe restreinte, plus le danger augmente. Pour prévenir la chute, il faut diminuer la vitesse et agrandir la courbe que la voiture décrit. La boue qui est soulevée par les roues d'une voiture en mouvement est lancée au loin par la force centrifuge. Dans les manufactures de poteries, on place une masse d'argile molle sur un plateau horizontal que l'on fait ensuite tourner ; la force centrifuge donne à cette terre une forme ronde et aplatie. Les physiciens trouvent dans cette expérience, en apparence si simple, l'explication de la forme de la terre, qui est ronde et légèrement aplatie aux pôles.

Le mouvement d'un corps qui tombe devient de plus en plus rapide, parce que la pesanteur n'a pas cessé d'agir sur lui. Il ressemble à une roue qui tourne facilement et qu'on pousse de temps en temps : elle se meut de plus en plus vite. Une balle de plomb, tombant d'une hauteur peu considérable, blessera légèrement la personne atteinte ; si on la laisse tomber de très haut, elle pourra acquérir une grande vitesse, et, par suite, produire le même effet qu'une balle lancée par un fusil. Le corps qui descend sur un plan incliné acquiert aussi un mouvement accéléré ; aussi est-il dangereux de descendre trop rapidement un chemin en pente ou une montagne à pic. Le mouvement accéléré des corps qui tombent a reçu plusieurs applications dans l'industrie : on parvient à enfoncer en terre d'énormes pieux en laissant tomber sur eux, d'une certaine hauteur, de lourdes masses faisant l'office de marteaux.

L'instrument au moyen duquel les physiciens étudient les variations de la pesanteur sur la surface de la terre est le pendule. On nomme pendule tout corps qui peut osciller autour d'un point ou d'un axe fixe. Sa forme peut varier à l'infini ; mais en général il consiste en une masse métallique arrondie, suspendue à une tige mobile autour d'un axe horizontal : tels sont les balanciers d'horloge.

Je n'ai pas l'intention de vous expliquer ici les

lois du pendule, à cause des calculs qu'il faudrait faire, et qui, pour l'heure, seraient au-dessus de votre portée. Vous étudierez cela dans vos cours supérieurs. Pour l'instant, qu'il vous suffise de savoir que le pendule sert à constater que la pesanteur sollicite tous les corps avec la même intensité ; qu'il a servi à déterminer l'intensité de la pesanteur sous les différents points du globe, la masse des montagnes et la densité de la terre ; que l'égalité de durée de ses oscillations l'a fait appliquer comme régulateur aux horloges ; enfin qu'on l'a fait servir à la démonstration expérimentale du mouvement de rotation diurne de la terre.

C'est à Galilée que l'on doit la découverte de l'égalité de durée ou *isochronisme* des oscillations du pendule. On dit qu'il y fut conduit en observant, encore enfant, les mouvements d'une lampe suspendue à la voûte de la cathédrale de Pise. C'est Huyghens qui, le premier, appliqua le pendule comme régulateur aux horloges, en 1657.

Vous savez qu'une horloge est formée par la réunion de plusieurs roues dentées qui engrènent les unes dans les autres. Un poids suspendu à une corde qui s'enroule autour d'un cylindre lié à l'une des roues, est le moteur de ce système. Vous comprenez donc que la machine, par l'effet de la pesanteur qui sollicite le poids, tend à prendre un mouvement accéléré. On régularise ce mouvement par un mécanisme particulier, dont la pièce principale est un pendule. Ce pendule est fixé à une pièce d'acier, qui a ordinairement la forme d'une ancre terminée par deux palettes, et qu'on nomme l'échappement. Lorsque le pendule oscille, les palettes de l'échappement rencontrent successivement les dents d'une roue de forme particulière, et l'arrêtent pour un temps très court. Cette roue est connue en horlogerie sous le nom de roue de rencontre. Le poids de l'horloge rentre donc au repos chaque fois que la roue de rencontre s'arrête, et l'effet de la force accélératrice est détruit. Le poids réagit à son tour contre le pendule et lui rend la vitesse que les frottements et la résistance de l'air lui enlèvent à chaque instant, et c'est ainsi qu'il peut continuer son mouvement.

— Je comprends, dit alors Gaston. C'est égal, il a fallu bien du génie pour appliquer le pendule comme régulateur aux horloges !

— Pourquoi interrompre mon oncle ? objecta Henri. Laisse-le donc continuer.

— Lorsqu'un corps est arrêté par un obstacle qui l'empêche ainsi d'obéir à la force de la pesanteur qui l'attire vers le centre de la terre, chacune des molécules qui composent ce corps exerce, en vertu de l'action qui la sollicite en particulier, une pression ou un effort contre l'obstacle. La somme de ces pressions ou efforts constitue le poids du corps. Ce poids doit donc varier avec les lieux ; mais dans un même lieu il est proportionnel à la masse du corps, c'est-à-dire à la quantité de matière renfermée dans ce corps. Ainsi il faut bien distinguer la pesanteur, qui agit également sur tous les corps dans un même lieu, du poids, qui est différent pour les différentes masses de matière.

L'instrument qu'on emploie pour comparer entre eux les poids des différents corps dans un même lieu est la balance. L'unité de poids, ou le poids pris pour terme de comparaison, est celui d'une petite masse d'eau prise dans certaines circonstances et qu'on appelle gramme. Henri, va chercher ma balance dans la vitrine. C'est bien. Comme vous le voyez, mes amis, la balance ordinaire consiste en une barre ou verge inflexible, nommée fléau, mobile autour d'un axe horizontal, et aux extrémités duquel sont suspendus, à des distances égales de l'axe, des bassins ou plateaux de même poids, destinés à recevoir l'un les objets à peser, l'autre les poids cotés. Le fléau est traversé en son milieu par un prisme d'acier, qu'on nomme couteau. Pour diminuer le frottement, l'arête vive du couteau, qui est l'axe de suspension du fléau, repose à ses deux bouts sur deux pièces polies d'agate ou d'acier, qui constituent la chape. Aux extrémités du fléau sont en outre adaptés deux prismes plus petits, dont l'arête vive est en haut. C'est sur cette arête que reposent, à l'aide de crochets, les deux plateaux. Enfin, à la partie supérieure du fléau, est fixée une longue aiguille, qui oscille devant un petit arc gradué, fixe et porté par la

colonne sur laquelle reposent la chape et le fléau.
Quand ce dernier est bien horizontal, la pointe
de l'aiguille correspond au milieu de l'arc.

Une balance parfaite est très rare, car la per-
fection la plus importante, qui est l'égalité
des bras du fléau, est précisément la plus difficile
à obtenir. Aussi la méthode par laquelle on a
coutume d'évaluer le poids d'un corps ne donne-
t-elle presque toujours qu'une approximation
plus ou moins grossière.

Mais on doit à Borda, physicien français, mort
à Paris en 1799, un procédé qui permet d'obtenir
des pesées exactes avec une balance dont les
bras sont inégaux. Pour cela, on place dans un
des bassins le corps dont on veut connaître le
poids, puis on lui fait équilibre avec de la gre-
naille de plomb ou d'autres corps menus placés
dans le second bassin. Lorsque l'équilibre est
bien établi, on retire le corps et on le remplace
par des poids marqués, de manière à ce que
l'équilibre soit exactement rétabli : la somme de
ces poids marqués est le vrai poids du corps,
puisqu'ils produisent le même effet que lui.

Cette ingénieuse méthode s'appelle la méthode des doubles pesées.

On peut encore comparer entre elles les masses des différents corps par les différents effets qu'elles sont capables de produire sur un même ressort : c'est sur ce principe que sont construites ces balances à ressorts qu'on appelle *pesons*.

On est convenu de comparer le poids des solides et des liquides à celui d'un volume égal d'eau distillée. En effet, nous avons vu que les corps sont inégalement denses, c'est-à-dire que, sous des volumes égaux, ils contiennent des quantités inégales de matières ; donc, sous des volumes égaux, ils ont des poids inégaux. Ces poids différents des corps pris sous l'unité de volume s'appellent poids spécifiques ; les rapports de ces poids pris dans un même lieu donnent les densités relatives des différents corps. Par exemple, un litre d'or fondu pèse environ dix-neuf fois plus qu'un litre d'eau distillée ; le plomb pèse onze fois plus et le liège quatre fois moins que ce liquide : c'est ce qu'on exprime en disant que le poids spécifique ou la densité de l'or est 19, celui du plomb 11, et celui du liège 1/4, le litre d'eau distillée étant adopté comme unité de densité pour les solides et les liquides.

En ce moment, Gaston, qui tenait sa chaise renversée, glissa avec elle sur le parquet et se trouva par terre. Il se releva aussitôt, tout confus de sa maladresse.

— Tu ne t'es pas fait mal, au moins? demanda Mme Dubreuil.

— Oh! non, maman. J'avais seulement perdu mon centre de gravité. Me voici de nouveau attentif. Veuillez, mon oncle, excuser mon étourderie.

— J'allais précisément vous parler du centre de gravité, reprit M. Michel. Lorsque vous tenez, sur le bout du doigt, une règle par le milieu de sa longueur, elle ne penche pas plus d'un côté que de l'autre : elle est en équilibre. Or, le point d'un corps qu'il suffit de soutenir pour le maintenir en équilibre se nomme son centre de gravité. C'est un point autour duquel toutes les parties d'un corps viennent se mettre en équilibre, dit-on vulgairement.

Le centre de gravité des corps de figure régulière, qui ne sont composés que d'une seule espèce de matière, se trouve toujours au milieu ou au centre de la figure. Le point central d'une boule ou d'un cube est aussi leur centre de gravité. Dans un objet que l'on suspend à un fil, le centre de gravité se trouve toujours situé verticalement au-dessous du point de suspension. On peut donc souvent déterminer le centre de gravité par l'expérience. Pour cela, on suspend le corps à un cordeau, successivement dans deux positions différentes ; puis, on cherche le point où le cordeau, dans la seconde position, va couper la direction qu'avait le cordeau dans la première. En effet, dans chaque direction, l'équilibre ne pouvant s'établir qu'autant que le centre de gravité vient se placer au-dessous du point d'attache du cordeau et sur sa direction, il en résulte que le centre de gravité doit être placé à la fois sur les deux directions du cordeau, et, par conséquent, à leur point de rencontre.

Dans beaucoup de cas, la détermination du centre de gravité est d'une grande importance, puisqu'on doit le considérer comme le point où est concentrée toute la pesanteur du corps. Aussi un corps ne pourra-t-il tomber, tant que son centre de gravité sera convenablement soutenu. Or, un corps peut être soutenu en un seul ou en plusieurs points. S'il n'est soutenu qu'en un seul point, la verticale menée par son centre de gravité doit passer par ce point d'appui, autrement le corps perdrait l'équilibre et se mettrait en mouvement. Si le corps est soutenu par plusieurs points, la verticale doit tomber entre les points d'appui.

La stabilité des corps dépend principalement de deux conditions : de la hauteur du centre de gravité et de la grandeur de la base d'appui. Plus le centre de gravité se trouve bas, plus le corps est stable, car alors la verticale qui passe par le centre de gravité ne tombera pas si vite hors de la base d'appui quand le corps sera penché. Si les chariots chargés de paille ou de foin versent si facilement, c'est parce que le centre de gravité du véhicule et de la charge occupe un point trop élevé. A la moindre inclinaison, la verticale du centre de gravité tombe en dehors des roues, et la voiture verse.

Une large base d'appui est donc favorable à la stabilité des corps. Par conséquent, un chariot étroit, dont les roues sont très rapprochés, versera plus facilement qu'une voiture dont les roues sont plus écartées les unes des autres ; une personne qui a les pieds joints tombera plus facilement que si ses pieds étaient à une certaine distance l'un de l'autre ; un homme qui porte un objet très pesant penchera toujours du côté opposé à celui où se trouve le fardeau....

La pendule sonna dix heures. M. Michel cessa de parler.

— Bonsoir, dit Mme Dubreuil. Il est temps d'aller te reposer, mon frère. Pourvu que tu ne sois pas dérangé cette nuit !

III.

LES LIQUIDES ET LES GAZ.

Caractères des liquides. — Leur pression sur le fond des vases. — Paradoxe hydrostatique. — Les vases communiquants. — Les jets d'eau. — Les puits artésiens. — Machines hydrauliques. — Le principe d'Archimède. — Ses conséquences. — Les fluides aériformes. — Les aérostats. — Les aéromètres. — Pesanteur de l'air et des gaz. — Galilée et la pression atmosphérique.

— De quoi allons-nous parler ce soir? demandait, le jeudi suivant, M. Michel à ses neveux. Ah ! je me souviens.... Je vous ai suffisamment entretenus des corps solides. Nous étudierons donc aujourd'hui les corps liquides. Gaston, pourrais-tu nous dire quels sont les caractères généraux des liquides ?

— Le caractère principal des liquides, répondit Gaston, est une excessive mobilité dans les molécules, en sorte qu'ils prennent toujours la forme des vases qui les contiennent. Une autre propriété de ces corps, c'est qu'ils sont très peu compressibles ; d'où il suit qu'ils peuvent changer de forme sans changer de volume.

— C'est cela même. Je vais maintenant continuer. Comme tous les corps, les liquides sont pesants : et puisqu'ils sont pesants, ils exercent nécessairement une pression sur le fond des vases qui les contiennent. Si le vase est cylindrique et droit comme un verre à quinquet, il est évident que cette pression est égale au poids du liquide qu'il contient.

Si le vase n'est ni cylindrique ni droit, la pression supportée par le fond de ce vase sera égale au poids d'une colonne du liquide ayant pour base le fond même du vase, et pour hauteur la hauteur du niveau, quelle que soit d'ailleurs sa forme. Ainsi, trois vases ayant le même fond et le même niveau de liquide, fussent-ils larges ou étroits dans le haut, et quelle que soit la quantité de liquide qu'ils renferment, subiront une pression égale sur chacun de leurs fonds.

Ce principe, connu sous le nom de *paradoxe hydrostatique*, peut se démontrer facilement par l'expérience. En effet, si l'on adapte à un tonneau rempli d'eau un tube vertical très long et en même temps très étroit, on peut faire crever le tonneau en versant dans ce tube la faible quantité d'eau nécessaire pour le remplir, parce que le fond du tonneau supportera une pression égale au poids énorme d'une colonne d'eau ayant pour base le fond du tonneau et pour hauteur la hauteur du liquide dans le tube.

Les liquides n'exercent pas seulement des pressions de haut en bas, ils pressent dans tous les sens les parois des vases qui les contiennent. C'est parce que les liquides exercent leur pression latéralement, que les digues qui retiennent les eaux d'un étang, d'un lac, d'un canal, se crèvent quelquefois en cédant à l'effort qu'elles supportent ; c'est parce qu'ils exercent une pression de bas en haut que l'eau se précipite dans un bateau percé par le fond. La pression de l'eau se fait sentir quand on est plongé dans ce liquide : au commencement, la respiration est gênée par la pression qu'exerce sur la poitrine le liquide environnant.

Lorsque des liquides d'égale densité sont contenus dans des vases communiquants, les niveaux sont tous à la même hauteur, c'est-à-dire sur un même plan horizontal. En effet, si deux ou plusieurs vases de formes et de dimensions quelconques communiquent ensemble au moyen d'un tube ou d'une espèce de canal, et qu'on verse de l'eau dans un de ces vases, on verra que les niveaux appartiennent tous au même plan horizontal, c'est-à-dire que la surface libre sera à la même hauteur dans chaque vase. Les fontaines, les rivières, les fleuves, enfin toutes les mers, ne forment qu'un vaste système de vases communiquants où les eaux se mettraient en équilibre parfait et au même niveau, si elles n'étaient sans cesse agitées par les marées, les courants, les vents et les tempêtes.

Le jet d'eau est une conséquence de l'équilibre des liquides dans les vases communiquants. Un jet d'eau se compose d'un réservoir placé à une certaine élévation et d'un tuyau communiquant avec ce réservoir et percé à son extrémité d'une ouverture par laquelle l'eau doit jaillir. Le réservoir et le tuyau étant pleins d'eau, le liquide s'élance par l'ouverture, en cherchant le niveau du réservoir, ainsi qu'il le ferait dans un vase communiquant. Cependant, jamais les jets d'eau n'atteignent le niveau de leur réservoir : cela tient à la résistance de l'air, aux frottements que le liquide éprouve dans les tuyaux de conduite et aussi au poids des eaux qui retombent sur le jet ascendant.

Une source jaillissante n'est qu'un jet d'eau naturel dont le réservoir, placé dans quelque lieu élevé, communique par des conduits naturels avec l'ouverture plus basse par laquelle le liquide s'élance dans l'air. Dans certains endroits, il suffit de percer, à une certaine profondeur, avec une sonde, un trou dans l'intérieur de la terre, pour obtenir une source jaillissante. Cette manière de se procurer de l'eau, fréquemment pratiquée dans l'Artois, s'est répandue de nos jours dans toutes les parties de la France. Ces sources prennent le nom de puits artésiens.

L'eau en mouvement est capable d'effets mécaniques que l'industrie de l'homme a su appliquer à une foule de besoins et de travaux. C'est elle qui fait marcher la plupart des moulins, des scieries, des usines. Ces machines dont la force motrice est l'eau en mouvement se nomment machines hydrauliques ; mais on donne plus particulièrement ce nom à d'autres machines destinées à élever une masse d'eau à une hauteur déterminée : tels sont les pompes, les roues à pots, le bélier hydraulique, la vis d'Archimède.

Les corps que l'on plonge dans l'eau ne présentent pas tous les mêmes phénomènes : les uns s'enfoncent immédiatement, comme les pierres et les métaux ; les autres, comme le bois, remontent à la surface du liquide et y flottent. Cette différence n'a d'autre cause que le poids spécifique de ces substances : les corps plus denses que l'eau s'enfoncent, les moins denses surnagent. Un des plus illustres savants de l'antiquité, Archimède, a découvert, deux cents ans avant notre ère, que tout corps plongé dans un liquide y perd une partie de son poids égale au poids du liquide qu'il déplace. Cette théorie porte en physique le nom de principe d'Archimède.

Ce principe fournit le moyen de déterminer exactement le volume d'un corps qui ne se dissout pas dans l'eau. Voici comment : on pèse d'abord le corps dans l'air ; supposons qu'il y ait un poids de cent cinquante grammes ; on le suspend ensuite, à l'aide d'un fil très fin, à l'un des plateaux d'une balance, au-dessous duquel on place un seau rempli d'eau, de manière que le corps puisse y plonger. L'équilibre, établi préalablement entre les deux plateaux au moyen de poids suffisants, sera rompu dès que l'immersion aura lieu. Supposons que le corps n'ait plus alors qu'un poids de cent vingt grammes, les trente grammes qu'il aura perdus seront le poids du volume d'eau déplacé. Or, un gramme d'eau ayant le volume d'un centimètre cube, il en résulte que le corps a déplacé trente centimètres cubes d'eau, qui sont évidemment le volume de ce corps.

La diminution de poids que les corps

éprouvent lorsqu'ils sont plongés dans un liquide est due à la pression de bas en haut que le liquide exerce contre la surface des corps immergés et qu'on appelle la poussée des liquides. On peut faire flotter tous les corps solides, quelque lourds qu'ils soient, sur un liquide quelconque. Il suffit de donner à ces solides des formes telles que le poids du liquide déplacé par la seule partie destinée à être immergée, soit égal au poids du corps tout entier. C'est ainsi que les vaisseaux ayant une forme creuse, une partie considérable de ces bâtiments entre dans l'eau, et ils perdent tellement de leur poids, que, malgré les charges dont on les remplit, ils se trouvent encore plus légers que l'eau qui les porte.

Les mouvements à l'aide desquels les poissons s'élèvent et descendent alternativement dans l'eau sont dus à la faculté qu'ont ces animaux de déplacer à leur gré un volume plus ou moins grand de ce liquide : ils y parviennent à l'aide de leur vessie natatoire. Un petit canal, qui établit la communication entre l'arrière-bouche et la vessie, sert au poisson pour introduire dans cette espèce de sac un fluide aériforme qui varie par sa nature, suivant les diverses espèces de poissons. La vessie, dilatée par cet air, détermine, relativement à l'animal lui-même, une augmentation de volume qui le rend plus léger que l'eau déplacée, en sorte qu'il monte vers sa surface sans l'intervention des organes du mouvement ; et lorsqu'il veut descendre, il n'a besoin que d'expulser assez d'air de sa vessie pour qu'il en résulte une diminution de volume qui le rende plus pesant que le volume d'eau déplacé.

Le corps de l'homme est en général d'un neuvième plus léger que l'eau ; par conséquent, il flotterait naturellement sur ce liquide. La difficulté de l'art de la natation consiste donc principalement à tenir la tête hors de l'eau. Les corps plongés dans l'eau y perdant toujours de leur poids, la tête se tiendra sur la surface du liquide avec d'autant plus de facilité qu'une plus grande partie du corps est submergée. Peut-être une personne qui se noie échapperait-elle au danger, si elle avait la présence d'esprit de laisser les bras et les jambes sous l'eau et de faire un effort léger pour tenir le visage au-dessus du niveau du liquide.

Le principe d'Archimède est général, c'est-à-dire qu'il s'applique à tous les fluides, aux fluides aériformes aussi bien qu'aux liquides. Il est la cause qui fait monter la fumée dans les airs et soutient les nuages au-dessus de nos têtes. C'est en s'appuyant sur le même principe que de hardis navigateurs osent s'élancer dans les profondes régions de l'air, portés par cette frêle machine qu'on nomme aérostat ou ballon.

Les aérostats sont d'origine française et datent des dernières années du xviiie siècle. C'est aux frères Etienne et Joseph Montgolfier, d'Annonay, qu'appartient l'invention des ballons à feu ou montgolfières, c'est-à-dire des appareils s'élevant au moyen de l'air dilaté, et au physicien Charles, de Paris, celle des aérostats proprement dits, c'est-à-dire des appareils s'élevant au moyen du gaz hydrogène. La première montgolfière fut lancée par les Montgolfier le 5 juin 1783, sur la place publique d'Annonay, et le premier aérostat par Charles, le 27 août suivant, au Champ de Mars, à Paris.

Les montgolfières consistaient en une grande enveloppe, de forme à peu près sphérique, en toile doublée de papier, ou simplement en papier. Un réchaud allumé, placé au-dessous d'une ouverture ménagée à dessein à la partie inférieure de cette enveloppe, dilatait l'air intérieur, qui, devenant plus léger que l'air ambiant, s'élevait, emportant avec lui son enveloppe et l'aéronaute placé dans une nacelle légère suspendue par des cordes à la montgolfière. Le feu que l'aéronaute était obligé d'entretenir au milieu des substances les plus combustibles ajoutait un danger de plus à un voyage déjà assez périlleux par lui-même.

Après la découverte du gaz hydrogène, Charles eut l'heureuse idée de remplir de ce gaz, environ quinze fois plus léger que l'air, des ballons entièrement fermés, et les montgolfières furent abandonnées. L'enveloppe des ballons est formée de longs fuseaux de taffetas cousus ensemble et enduits d'un vernis de caoutchouc qui rend le tissu imperméable. Au sommet du ballon est une soupape que maintient fermée un ressort, et que l'aéronaute peut ouvrir à volonté, à l'aide d'une corde. Une légère nacelle d'osier, dans laquelle peuvent se placer plusieurs personnes, pend au-dessous du ballon, soutenue par un filet de corde qui enveloppe celui-ci tout entier. Un ballon de dimension ordinaire, pouvant enlever facilement trois personnes, a environ quinze mètres de hauteur, onze mètres de diamètre, et son volume, quand il est gonflé complètement, a près de sept cents mètres cubes. L'enveloppe pèse cent kilogrammes, et les accessoires, y compris le filet, la nacelle et le lest, cinquante kilogrammes.

On gonfle les ballons soit avec de l'hydrogène pur, soit avec l'hydrogène carboné qui sert à l'éclairage. Bien que ce dernier gaz soit plus lourd que le premier, on l'emploie généralement aujourd'hui, parce qu'on l'obtient plus facilement et à meilleur compte que l'hydrogène pur. Il suffit en effet de le faire arriver de l'usine à gaz la plus voisine jusqu'au ballon, au moyen d'un conduit de toile gommée.

Pour faciliter l'introduction du gaz dans le ballon, on dresse deux mâts : à leur sommet sont des poulies, sur lesquelles s'enroule une corde qui passe dans un anneau fixé à la couronne de la soupape. Par ce moyen, l'aérostat étant d'abord soulevé d'un mètre environ au-dessus du sol, on fait arriver le gaz ; puis, à mesure que le ballon se remplit, on le soulève un peu plus haut, en ayant soin de l'aider à se déployer, et cela jusqu'à ce qu'il n'ait plus besoin de tutelle. Mais il faut alors s'opposer à sa force d'ascension ; pour cela, des hommes le retiennent au moyen de cordes fixées au filet. Alors on enlève le tube qui a servi à conduire le gaz et on attache la nacelle au filet ; le navigateur aérien y prend place, donne le signal de lâcher les cordes, et le ballon s'élève avec une vitesse d'autant plus grande, qu'il est plus léger par rapport à l'air déplacé.

Ces divers préparatifs exigent au moins deux heures. Il importe de ne pas gonfler un ballon complètement, car, la pression atmosphérique diminuant à mesure qu'il s'élève, le gaz intérieur se dilate en vertu de sa force expansive et tend à le faire crever.

Lorsque le ballon est entièrement gonflé par suite de la dilatation du gaz dans les couches supérieures de l'air, s'il continue à s'élever, la force d'ascension décroît ; car, le volume d'air déplacé restant le même, sa densité diminue. Il arrive donc un moment où la poussée est égale au poids du ballon et où celui-ci ne s'élève plus par conséquent, suivant seulement une direction horizontale, emporté par les courants d'air qui règnent dans l'atmosphère.

C'est en consultant le baromètre que l'aéronaute sait s'il monte ou s'il descend ; car, dans le premier cas, la colonne de mercure s'abaisse, tandis qu'elle s'élève dans le second. Lorsqu'il veut opérer sa descente, il tire la corde qui ouvre la soupape placée à la partie supérieure du ballon : l'hydrogène se mélange alors avec l'air extérieur, et le ballon baisse. Au contraire, pour ralentir la descente lorsqu'elle est trop rapide, ou pour remonter si elle s'effectue dans un endroit périlleux, l'aéronaute vide des sacs de toile pleins de sable dont il a eu soin de se munir en quantité suffisante. Ainsi allégé, le ballon s'élève de nouveau, pour descendre ensuite dans un lieu plus propice.

On facilite encore la descente en suspendant, par une longue corde, une ancre à la nacelle : une fois que cette ancre est fixée à un obstacle, on s'abaisse lentement en tirant sur la corde. Du reste, vous avez été plusieurs fois témoins d'ascensions aérostatiques.

— Certainement, mon oncle. Je n'oublierai jamais le ballon captif que nous avons vu, à Paris, s'élever dans le jardin des Tuileries. C'était pour moi, ajouta Henri, un spectacle des plus curieux ; mais je ne me souciais pas de monter dans la nacelle, et du reste ma mère ne me l'eût pas permis.

— On s'y disputait toutefois les places, dit Gaston, et personne ne se doutait des dangers de la descente. Pourtant la machine à vapeur, en enroulant le câble autour du cylindre pour ramener le ballon à terre, aurait bien pu le briser, et alors, bon voyage pour le pays de la lune !

— Ces appareils, reprit M. Michel, sont toujours construits dans de bonnes conditions de solidité et éprouvés d'avance. Ils n'offrent donc aucun danger. Mais j'ai hâte d'en finir avec les ballons, en vous disant un mot du parachute. Comme son nom l'indique, cet instrument a pour but de parer aux chutes que l'aéronaute pourrait faire, s'il était obligé d'abandonner son ballon à la suite d'un accident quelconque. Le parachute est formé d'une vaste toile circulaire d'environ cinq mètres de diamètre, qui, par l'effet de la résistance de l'air, s'étend en forme d'un vaste parapluie et ne tombe que lentement. Sur le contour sont fixées des cordes qui soutiennent une nacelle où se place l'aéronaute. Au centre du parachute est une ouverture par laquelle s'échappe l'air comprimé par l'effet de la descente ; autrement il se produirait des oscillations qui, en se communiquant à la nacelle, pourraient devenir dangereuses.

— Lorsqu'on pourra voyager en ballon, ce sera bien autre chose que nos chemins de fer d'aujourd'hui ! dit Gaston.

— Malheureusement, répondit le docteur, dans l'état actuel de nos connaissances, la direction des aérostats semble être un problème insoluble. Dès leur invention, on crut qu'ils pourraient recevoir des applications utiles ; mais, à l'exception de quelques tentatives pour les employer à des reconnaissances militaires, comme à la bataille de Fleurus, en 1794, et de trois ou quatre ascensions faites dans un but scientifique, on n'a pu les faire servir jusqu'ici qu'à l'amusement de la foule dans les fêtes publiques. Cependant plusieurs aéronautes ont utilisé avec succès les ballons pendant la guerre franco-prussienne, soit pour traverser les lignes ennemies, soit pour porter au loin des nouvelles des places assiégées.

Voici maintenant un petit instrument construit toujours d'après le même principe, celui d'Archimède : c'est l'aréomètre. Comme vous le voyez, il se compose d'un tube gradué, au bas duquel est soudée une boule creuse remplie d'air pour faire flotter l'instrument. Au-dessous de cette boule s'en trouve une autre plus petite remplie de mercure, à l'effet de lester l'aréomètre et de lui faire prendre une position verticale. Moins le liquide dans lequel on plonge l'instrument est dense, plus celui-ci s'y enfoncera. Or, les liquides étant formés d'eau unie à des quantités différentes d'une certaine substance, comme le sont la plupart des acides, les sirops, les eaux-de-vie, les divisions du tube ont pu être tracées de manière à indiquer, selon l'espèce d'aréomètre, les différents degrés de pureté ou de concentration de ces liquides. Les aréomètres ou pèse-liqueurs sont donc de la plus grande utilité dans le commerce.

Puisque j'ai été amené à vous parler déjà de deux fluides aériformes, de l'air atmosphérique et du gaz hydrogène, à propos des aérostats, je vais continuer à vous exposer les propriétés des gaz. Les anciens ne connaissaient guère qu'un seul de ces corps, l'air, dont ils n'avaient qu'une notion fort imparfaite, ignorant même sa pesanteur. Nous devons aux découvertes récentes de la chimie la connaissance de plusieurs autres corps différant de l'air par leur constitution intime, mais ayant avec lui les plus grands rapports par l'ensemble de leurs propriétés physiques.

Depuis l'invention de la machine pneumatique, rien n'est plus facile que de démontrer par l'expérience que l'air et tous les gaz sont pesants, aussi bien que les solides et les liquides. Pour cela, on fait le vide dans un ballon de verre et on le pèse en cet état ; puis, on ouvre le robinet pour y laisser rentrer l'air, et on le pèse de nouveau. Le poids du ballon est sensiblement augmenté. En introduisant successivement dans le ballon vide d'autres gaz, de l'hydrogène, par exemple, on trouverait également une augmentation de poids : donc les gaz sont pesants.

La pesanteur de l'air fut découverte par Galilée, vers 1640. Ayant remarqué que l'eau montait dans les corps de pompe vides d'air et s'y maintenait à une hauteur à peu près constante au-dessus de son niveau extérieur, Galilée démontra que ce phénomène était dû au poids de l'air qui, pesant sur la surface du liquide, le faisait monter dans le corps de pompe jusqu'à ce que le poids de l'eau fît équilibre au poids de l'air.

On désigne sous le nom d'atmosphère la couche d'air qui enveloppe la terre de toutes parts, et qui s'élève environ à soixante kilomètres de hauteur en tous sens. On appelle pression atmosphérique la force avec laquelle cette couche d'air presse sur la surface des corps. Or, si l'on calcule la pression que l'air exerce sur la surface du corps d'un homme de moyenne taille, on trouve qu'elle est égale à la pression énorme de 12,500 kilogrammes. Nous n'en sentons pas l'influence, parce qu'elle est contrebalancée par la force élastique des fluides de notre corps et par l'admirable disposition de ses organes. Si la main qui s'appuie sur un meuble, le pied qui se pose à terre, se relèvent avec la plus grande facilité, c'est que sous ce pied ou sous cette main il y a toujours de l'air qui exerce contre la pression verticale due au poids des couches supérieures une réaction égale, une poussée.

Si vous voulez constater l'existence de cette

réaction ou poussée que les couches inférieures de l'air exercent contre les couches supérieures, remplissez entièrement d'eau un verre ordinaire et posez sur la surface de cette eau un petit disque de papier, en prenant bien garde qu'il ne reste de l'air par-dessous. Cela fait, appliquez une main sur le disque et retournez le verre sens dessus dessous ; ôtez ensuite la main qui en fermait l'ouverture : l'eau restera suspendue. Ce disque de papier n'a ici d'autre objet que d'empêcher l'air de s'insinuer dans la masse liquide. Ce n'est donc pas lui qui s'oppose à la chute de l'eau, mais la poussée de l'air qui peut faire équilibre de cette manière au poids d'une colonne d'eau de dix mètres de hauteur.

— Comment ! dit Gaston, une colonne d'eau de dix mètres de hauteur ?

— Certainement, répondit M. Michel, et même un peu plus haute : je vais vous le prouver. Vous voyez ce tube de verre d'environ quatre-vingts centimètres de longueur et fermé à l'une de ses extrémités. Je le remplis de mercure jusqu'à son orifice et je le renverse verticalement, en plongeant son extrémité ouverte dans cette petite cuvette pleine de mercure. Regardez : le mercure du tube ne descend que de quatre centimètres environ ; il reste plus élevé de soixante-seize centimètres dans le tube que dans la cuvette ; et puisque c'est la pression de l'air atmosphérique qui retient le mercure ainsi suspendu dans le tube, on doit en conclure que cette pression équivaut à celle d'une colonne de mercure de soixante-seize centimètres de hauteur. Or, le mercure pèse treize fois et demie plus que l'eau. Donc, une colonne de mercure de soixante-seize centimètres et une colonne d'eau de dix mètres trente centimètres, de même base bien entendu, auront le même poids, et c'est avec raison que je vous ai dit que la poussée atmosphérique peut faire équilibre à une colonne d'eau de dix mètres trente centimètres ou de trente-deux pieds de hauteur.

— Ainsi, dit Henri à son tour, l'air doit exercer sur tous les corps qui se trouvent à la surface de la terre une pression égale à celle qu'ils éprouveraient en se trouvant plongés dans un bain de mercure de soixante-seize centimètres de profondeur ?

— Oui, mon ami. Je vous ai dit pourquoi nous ne sentons pas cette pression, qui, en d'autres termes, équivaut au poids d'une colonne d'eau de trente-deux pieds de hauteur qui aurait nos corps pour base. En calculant la force de cette pression sur une surface d'un décimètre carré, vous trouverez qu'elle s'élève à cent trois kilogrammes. C'est en multipliant ce calcul par le nombre de décimètres carrés qui composent la surface du corps d'un homme de moyenne taille que l'on a trouvé la pression énorme qu'il supporte. Mais en voilà assez pour aujourd'hui ; nous reprendrons nos causeries une autre fois.

IV.

L'AIR ET LES MACHINES QUI EN DÉPENDENT.

La pression de l'air. — Le baromètre. — Ses différentes espèces et ses usages. — Les pompes. — Le siphon. — La machine pneumatique. — Machines de compression. — Le gazomètre. — Appareil portatif à gaz comprimé.

— Le temps est superbe ce matin, dit un jour M. Michel à ses neveux. Je dois faire une course à la campagne ; venez avec moi, nous parlerons physique en chemin.

— Que vous êtes bon, mon oncle ! répondit Gaston. C'est aujourd'hui jeudi ; point de classe au collège ; cela tombe à merveille.

— Me voici prêt, dit Henri en apportant paletots et chapeaux.

— A quelle heure reviendrez-vous dîner ? demanda Mme Dubreuil au docteur.

— Tard. Nous prendrons quelque chose en route. Ne nous attends pas avant quatre heures.

— Au moins, emportez quelques provisions, insista la bonne dame.

— J'ai lesté chaque paletot de deux petits pains fourrés, répondit Henri. Donc, chère maman, soyez sans inquiétude sur le sort de nos estomacs.

— Adieu alors, et bon voyage ! ajouta Mme Dubreuil.

Un quart d'heure plus tard, ils cheminaient dans la campagne, au milieu des champs verdoyants et des buissons en fleurs. M. Michel ne tarda pas à prendre la parole.

— Je vous ai dit que Galilée avait mesuré le poids de l'air ; Torricelli, son disciple, mesura sa pression. Ce fut Torricelli, en effet, qui, opérant sur le mercure avec un tube de la même manière que nous l'avons fait il y a quelques jours, inventa le baromètre. Il prit donc un tube de verre d'un mètre environ de longueur et fermé à l'une de ses extrémités, et, après l'avoir complètement rempli de mercure, il boucha avec le doigt l'extrémité ouverte du tube et le plongea dans une cuvette contenant pareillement du mercure. Ayant retiré son doigt, le mercure descendit dans le tube, comme vous l'avez vu, et se fixa à une hauteur de soixante-seize centimètres environ, laissant au-dessus d'elle un espace vide. C'est cet appareil si simple qu'on appelle baromètre, parce qu'il sert à mesurer les pressions que l'air exerce sur la surface de la terre.

Toutefois, pour que l'expérience de Torricelli ne laissât aucun doute sur l'existence de la pression atmosphérique, il fallait encore vérifier si, en diminuant le nombre des couches d'air pesant sur la surface du mercure, la hauteur de la colonne renfermée dans le tube diminuerait pareillement. Cette vérification fut faite en 1646 par le célèbre Pascal, qui transporta un baromètre sur le sommet d'une haute montagne, le Puy-de-Dôme : la colonne de mercure y subit un abaissement d'environ huit centimètres.

Le baromètre peut donc servir à mesurer à chaque instant la pression de l'air, qui varie constamment, soit dans le même lieu, soit d'un lieu à l'autre ; et comme ces variations de pressions sont en corrélation et par suite coïncident avec les variations du temps, le baromètre sert aussi à indiquer ces variations, et c'est là son usage vulgaire. Vous avez vu, par l'expérience de Pascal, que la pression de l'air varie avec sa densité, laquelle décroît lorsqu'on s'élève à différentes hauteurs ; or, ces différentes pressions, le baromètre les indique, et c'est sur cette donnée que repose la mesure des hauteurs par le baromètre.

On a construit différents baromètres plus ou moins exacts et plus ou moins faciles à transporter. Les deux espèces fondamentales sont le baromètre à cuvette et le baromètre à siphon. Le premier n'est autre que le tube droit de Torricelli, muni au bas d'une boule, faisant l'office de cuvette, le tout attaché à une planchette graduée qui indique de combien le mercure s'élève dans le tube au-dessus du niveau de la cuvette. Le second consiste en un tube recourbé et rempli de mercure ; les deux branches de ce tube sont iné-gales : la plus longue, qui a plus de soixante-seize centimètres, est fermée, la plus courte est ouverte. La pression de l'air maintient le mercure dans la plus longue branche à une hauteur d'en-viron soixante-seize centimètres au-dessus du niveau dans l'autre branche.

Tous les autres baromètres ne sont que des perfectionnements de ces deux espèces. Le baro-mètre à cadran, par exemple, n'est qu'un baromètre à siphon, caché derrière ce cadran. L'axe qui soutient l'aiguille du cadran porte en même temps une petite poulie sur laquelle passe un cordon tendu par deux petits poids à peu près égaux, dont le plus pesant repose sur la surface du mercure dans la branche la plus courte du siphon, s'élève avec le mercure de cette branche et s'abaisse avec lui. La poulie, entraî-née par ce mouvement, tourne dans un sens ou dans un autre, et fait marcher l'aiguille du cadran chargée de remplir les fonctions d'indi-cateur.

Quand l'air est surchargé de vapeurs et qu'il est en même temps échauffé, sa pression diminue; par conséquent le baromètre baisse, ce qui pronostique un temps humide; l'air contient-il peu d'humidité et est-il en même temps froid, le baromètre monte et présage le beau temps.

La construction et le jeu d'un grand nombre de machines reposent sur les propriétés de l'air. Les pompes, par exemple, sont fondées sur la différence de pression qu'éprouve l'air lorsque l'on fait varier son volume. Il y a trois sortes de pompes : la pompe aspirante, la pompe foulante, et la pompe aspirante et foulante. Je me contenterai de vous décrire la pompe aspirante, qui est la pompe ordinaire.

Elle se compose d'un cylindre, ou corps de pompe, dans lequel se meut un piston. Ce cylindre est terminé par un tuyau d'aspiration qui plonge dans un réservoir d'eau et à la jonction duquel se trouve une soupape qui s'ouvre de bas en haut. Le piston, qu'une tige fait monter ou descendre dans le corps de pompe, est percé en son milieu et se ferme aussi par une soupape s'ouvrant également de bas en haut. Lorsqu'on soulève le piston, l'air contenu dans l'espace inférieur du cylindre augmente de volume, et par suite la pression de l'air intérieur diminue ; l'air extérieur, au contraire, pressant plus fort sur la soupape du piston, la maintient fermée, tandis que l'air du tuyau d'aspiration, dont la pression est aussi plus forte que celle de l'air du corps de pompe, soulève la soupape placée au point de jonction. L'air qui occupait le tuyau d'aspiration augmente de volume par sa communication avec celui déjà raréfié du cylindre, sa pression diminue, et l'air extérieur, pressant sur l'eau du réservoir, l'oblige à monter dans le tuyau d'aspiration. On abaisse encore le piston : l'air se comprime dans la partie inférieure du corps de pompe, la soupape du tuyau d'aspiration se referme et celle du piston s'ouvre par la force de l'air comprimé ; alors, l'air s'échappe, et, quand le piston remonte, sa soupape se referme. Le jeu du piston recommence ; l'eau s'élève davantage dans le tuyau d'aspiration, et, après un certain nombre de coups de piston, l'eau du tuyau d'aspiration force la soupape inférieure à s'ouvrir et pénètre dans le corps de pompe. Là, foulée par le piston, elle monte au-dessus de lui en soulevant sa soupape, que le poids de l'eau referme aussitôt, et le liquide est emporté ainsi jusqu'au goulot par lequel il s'échappe. L'eau écoulée est immédiatement remplacée par celle du réservoir.

Le siphon est un instrument qui sert à transvaser les liquides : il consiste en un tube recourbé à branches inégales. Supposez la plus courte branche de l'appareil plongée dans un liquide : si on fait le vide dans le tube, ce qui s'appelle amorcer le siphon, le fluide s'écoulera continuellement par l'ouverture de la grande branche, jusqu'à ce que le niveau du liquide ait baissé jusqu'au bout de la courte branche.

Le mécanisme de cet instrument est fort simple et repose entièrement sur l'inégalité des deux branches et sur la pression atmosphérique. Lorsque le siphon est plein de liquide, l'écoulement s'établit du côté de la plus grande branche, par l'effet de l'excès de sa colonne liquide sur celle de la petite branche ; et une fois que l'écoulement est commencé, il se continue toujours dans le même sens, parce que la pression atmosphérique, qui agit à l'orifice des deux branches, est moindre du côté de la plus grande par suite de l'excédant du poids de la colonne liquide qu'elle contient relativement à celle de la petite branche, ce qui diminue d'autant l'énergie de la pression atmosphérique. Le siphon, qui peut présenter une foule de formes, est en verre ou en fer-blanc; on l'amorce en le remplissant préalablement du liquide à transvaser, en aspirant par sa grande branche, ou mieux par un tube additionnel, en bouchant l'orifice de la grande branche jusqu'à ce que le liquide y soit arrivé.

Le siphon n'est pas seulement d'un usage journalier dans les laboratoires, il est souvent aussi employé en grand dans les arts pour opérer des épuisements ou détourner un cours d'eau. Ces sortes de siphons se construisent avec des tuyaux de fonte ou en maçonnerie, et on les remplit d'eau par le sommet, après avoir préalablement bouché l'ouverture de chaque branche.

C'est ainsi qu'en 1803 on fit passer l'eau de la Moselle de l'amont à l'aval d'une digue qu'il s'agissait de réparer.

La machine pneumatique est une machine propre à faire le vide, ou plus exactement à raréfier l'air dans un espace fermé. Vous l'avez vue bien des fois fonctionnant dans mon cabinet. Elle se compose d'un système de pompes aspirantes jumelles, dont le tuyau d'aspiration, au lieu d'aller aspirer l'eau d'un réservoir, va prendre l'air dans le récipient où l'on veut faire le vide. La disposition des soupapes est la même, et la machine fonctionne absolument de la même manière que dans les pompes à eau. Les deux corps de pompe renferment chacun un piston doublé de cuir et garni d'une soupape qui s'ouvre de bas en haut. Ces pistons ont une tige à cré-maillère. Une roue dentée, placée entre ces deux tiges, engrène avec elles. En faisant tourner la roue tantôt dans un sens, tantôt dans l'autre, à l'aide d'une barre double, on communique aux tiges, et par suite aux pistons, le mouvement alternatif d'ascension et de descente. Le tuyau d'aspiration va déboucher au centre d'un plateau bien dressé sur lequel on applique les cloches où s'opère le vide.

A l'aide de cette machine, on peut étudier les phénomènes que présentent les corps placés dans le vide : constater, par exemple, que les animaux ne peuvent vivre sans air ; que la flamme des bougies, si on la prive d'air, s'éteint nécessairement ; que la plupart des fruits et des substances fermentescibles se conservent bien dans le vide ; que les fruits un peu passés y reprennent même leur fraîcheur, mais pour la perdre de nouveau aussitôt qu'ils en sortent.

La machine pneumatique nous donne aussi une idée des effets de la pression atmosphérique : dès qu'on a fait le vide sous la cloche, on ne peut plus la séparer du plateau, parce que la pression subie par sa surface extérieure n'est plus contrebalancée par une pression égale, exercée à l'intérieur. L'invention de cette machine est due à Otto de Guérick, de Magdebourg, qui en fit connaître les merveilleux usages à Ratisbonne, en 1654.

Les machines de compression, destinées à comprimer avec effort l'air ou d'autres gaz dans des récipients à parois d'une grande résistance, offrent dans leur construction des dispositions qui sont l'inverse des dispositions de la machine pneumatique. Lorsqu'on essaie de condenser indéfiniment les gaz en les comprimant, les uns se liquéfient comme l'acide carbonique, par exemple : on les appelle gaz non permanents ; les autres, comme l'air, résistent à tout changement d'état : on les nomme gaz permanents. C'est en comprimant l'acide carbonique dans des vases contenant déjà de l'eau ou du vin qu'on fabrique les eaux gazeuses artificielles et une grande quantité de vins mousseux, qui se boivent ensuite sous le nom de vins de Champagne.

On donne en général le nom de gazomètre à tout appareil propre à régler la dépense d'un gaz. Celui des usines où l'on prépare et distribue le gaz pour l'éclairage consiste en une grande cloche en tôle, plongée dans une cuve pleine d'eau. Le gaz provenant de la distillation de la houille se rend dans cette cloche, la soulève et la remplit. Quand celle-ci ne plonge plus que de quelques pouces dans l'eau, on ferme le conduit qui amenait le gaz et on ouvre le tuyau de distribution. Le gaz s'y précipite en vertu de la pression que le gaz exerce sur lui. Des contre-poids, disposés convenablement, règlent cette pression et par conséquent aussi l'écoulement du gaz.

Dans quelques établissements, on fait usage pour l'éclairage d'appareils portatifs à gaz comprimé. La pression est de trente atmosphères environ. Ces appareils offrent un danger d'explosion, résultant de la rupture des parois mêmes qui servent à maintenir le gaz comprimé. Le vase, qui se trouve tout à coup déchiré par la force élastique du fluide intérieur, est lancé avec violence dans une direction opposée à celle de la fuite du gaz, car la pression qui s'exerçait dans tous les sens étant actuellement nulle aux endroits par où la fuite se produit, la pression qui continue de s'exercer sur les parties opposées de la paroi produit sur le vase un phénomène de recul analogue à celui qu'on remarque dans les armes à feu par l'explosion de la poudre.

— Monsieur le docteur! dit alors un paysan qui s'était approché des promeneurs, trop occupés à causer pour l'avoir vu venir, monsieur le docteur! nous vous attendons, venez vite, ma femme est malade....

— Ah! c'est vous, Antoine? répondit M. Michel. Je me rendais précisément à votre appel. Je vous suis. Qu'éprouve-t-elle donc, votre femme?

— Une grande faiblesse qui la force à garder le lit, sans parler d'une toux violente qui l'épuise. J'ai bien de l'inquiétude à son sujet, monsieur le docteur!

Un quart d'heure plus tard, M. Michel et ses neveux entraient dans la cour de la petite ferme d'Antoine, où les jeunes gens attendirent que leur oncle eût examiné l'état de la malade et formulé ses prescriptions. Antoine étant revenu avec eux à la ville pour en rapporter les remèdes, il ne fut plus question de physique ce jour-là.

————

V.

LE SON ET LA CHALEUR.

Les vibrations dans l'air. — Il n'y a point de son dans le vide. — Propagation du son dans l'air, dans les liquides, dans les solides. — L'écho. — Qu'est-ce que la chaleur? — Changements qu'elle produit dans les corps. — Le thermomètre. — Equilibre de température. — Applications pratiques.

Le jeudi suivant, les jeunes gens accompagnèrent encore M. Michel dans une de ses courses à la campagne. Le temps était orageux, et bientôt le roulement du tonnerre se fit entendre.

— Ecoutez, dit Henri. Je crois qu'il serait prudent de retourner sur nos pas. Si la pluie survient, ce qui est probable, nous serons mouillés jusqu'aux os.

— Il faut pourtant que j'aille chez Antoine. Sa pauvre femme n'est pas bien, ajouta le docteur, et je ne puis différer ma visite.

— Les nuages semblent se dissiper, ajouta Gaston.

— Pourtant, l'orage gronde toujours, reprit Henri.

— Eh bien ! voilà une occasion toute naturelle de vous parler du son, de l'acoustique, en un mot, qui a pour objet de déterminer les lois suivant lesquelles le son se produit et se propage. Vous entendez le bruit du tonnerre, pourquoi ? Parce que le tonnerre imprime un mouvement vibratoire à l'air, qui est un corps élastique. Les molécules de l'air, dérangées momentanément de leur position d'équilibre, y reviennent en exécutant de part et d'autre de cette position des mouvements rapides qu'on a désignés sous le nom de vibrations. Ces vibrations sont faciles à constater par l'expérience. Quand on pince la corde d'un instrument de musique de manière à lui faire rendre un son, cette corde paraît gonflée, surtout vers son milieu, par suite de ces mouvements vibratoires qu'elle exécute de part et d'autre de sa première position.

Suivant que les vibrations sont lentes ou rapides, elles engendrent les sons graves ou aigus. Les sons que font entendre avec leurs ailes en volant certains insectes, tels que les cousins, exigent au moins huit mille vibrations par seconde.

Les vibrations des corps élastiques ne produiraient aucun son, si elles n'étaient transmises à l'organe de l'ouïe par l'intermédiaire d'une substance pondérable en contact avec cet organe. Dans le vide règne un silence parfait que rien ne peut troubler. Pour le prouver, on place sous le récipient de la machine pneumatique un timbre d'horlogerie muni d'une détente, puis on fait le vide. Lorsqu'ensuite on lâche la détente, on voit le marteau frapper à coups redoublés sur le timbre, mais on n'entend aucun bruit. Laisse-t-on rentrer l'air sous le récipient, on perçoit un son qui, d'abord très faible, augmente de force à mesure que l'air du récipient augmente de densité, et qui finit par se faire entendre aussi bien qu'au dehors, quand l'air du récipient a repris la densité de l'air extérieur. L'intensité du son diminue donc ou augmente avec la densité du fluide où il se produit.

A de grandes hauteurs, où la raréfaction de l'air est considérable, les sons perdent étonnamment de leur force. Sur le sommet du mont Blanc, un coup de pistolet fait moins de bruit que l'explosion d'un petit pétard dans la plaine, et Gay-Lussac a constaté qu'à 7,000 mètres au-dessus du sol, sa voix, lorsqu'il essayait de former un son, était méconnaissable.

— Mais comment se propage le son? demanda Henri.

— Quand on frappe un corps, il se produit des vibrations qui sont transmises par l'air aux corps environnants, comme je viens de vous le dire. Or, ces vibrations ébranlent l'air tout autour du corps élastique ; il s'ensuit qu'elles se font sentir de proche en proche dans les différentes couches de l'air environnant, de même que dans une pièce d'eau tranquille la pierre qui tombe produit autour d'elle une série d'ondulations circulaires qui vont se propageant du centre d'ébranlement vers la rive. L'analogie des deux phénomènes a fait donner le nom d'ondes sonores aux couches d'air mises en mouvement par les vibrations des corps sonores. Le bruit du tonnerre, le canon, le son des cloches ébranlent d'abord l'air, qui, à son tour, fait vibrer les vitres. Un mouvement semblable, mais plus doux, se produit dans l'oreille, quand nous percevons les sons. Le pavillon de l'oreille recueille les vibrations, le tympan se met à l'unisson du corps qui vibre, et l'ébranlement se propage à travers les organes jusqu'au nerf acoustique, qui en transmet l'impression au cerveau.

— Le son se propage donc bien vite ? dit Gaston.

— Pas si vite que la lumière, répondit M. Michel. Le son parcourt 340 mètres en une seconde, dans un temps calme. Cette vitesse augmente avec la température ; la direction et la force du vent la modifient. Voici comment les membres de l'Académie des sciences de Paris ont calculé la vitesse du son. Vous savez que la lumière produite par l'explosion d'une pièce de canon est perçue à l'instant même où elle prend naissance, tandis que le bruit de l'explosion n'arrive à l'oreille qu'un peu plus tard. Il ne s'agissait donc que d'estimer le temps écoulé entre le moment où la lumière indique à l'œil le départ du son, et celui où le son lui-même avertit l'oreille de son arrivée, puis de diviser l'espace parcouru par la durée du temps.

— Je comprends, dit Henri. Mais le son ne se propage-t-il que dans l'air ?

— Le son se propage dans les gaz, dans les liquides, dans les solides, reprit le docteur. Dans les liquides, la vitesse du son est beaucoup plus grande que dans l'air : on a constaté par des expériences faites sur le lac de Genève que la vitesse du son dans l'eau est de 1,435 mètres par seconde, c'est-à-dire qu'elle est plus que quadruple que la vitesse du son dans l'air. Dans les solides, la vitesse du son est beaucoup plus considérable que dans l'air et les liquides. Ainsi, on a trouvé qu'elle était environ dix-sept fois plus grande dans le bois que dans l'air. En appliquant l'oreille à l'une des extrémités d'une longue poutre, pendant que quelqu'un gratte légèrement à l'autre extrémité, on entend très distinctement le petit bruit qui se produit. Quand on met le bout d'un bâton en contact avec les parois d'un vase dans lequel se trouve de l'eau en ébullition, et qu'on applique l'oreille à l'autre bout, on entend un bruit presque aussi fort que celui que produit la chaudière d'une machine à vapeur en pleine activité.

— Je ferai l'expérience, dit Gaston.

— Et celle-ci encore, ajouta le docteur. Suspendez une pelle à feu au milieu d'une ficelle, dont vous enroulerez les extrémités sur un doigt de chaque main ; vous introduirez ensuite les doigts dans les oreilles, en faisant balancer la pelle de manière à ce qu'elle aille frapper un corps dur quelconque ; vous entendrez alors des sons qui égaleront en intensité ceux que produisent les cloches.

— Mais, mon oncle, demanda Henri, lorsque

le son rencontre des obstacles à son développement, qu'arrive-t-il?

— De même que les ondulations de l'eau reviennent sur elles-mêmes lorsqu'elles atteignent la rive, de même les ondulations de l'air, quand elles rencontrent un obstacle, se reportent en arrière et ramènent le son vers le lieu d'où il était parti. C'est là ce qu'on appelle la réflexion du son, qui est prouvée par le phénomène si connu des échos.

Pour qu'un obstacle soit capable de produire un écho, il faut que sa distance au corps sonore soit au moins de dix-sept mètres. En effet, l'expérience nous apprend qu'il n'est guère possible de distinguer un son d'un autre à moins qu'il ne s'écoule un dixième de seconde entre les deux sons. Or, la vitesse du son étant de trois cent quarante mètres par seconde, pour parcourir deux fois dix-sept mètres, c'est-à-dire pour aller se réfléchir sur l'obstacle et revenir au point de départ, le son emploiera un dixième de seconde: le son émis et le son réfléchi seront donc séparés l'un de l'autre par un temps suffisant pour qu'ils puissent être perçus sans confusion.

Si la distance à l'obstacle réfléchissant était deux fois dix-sept mètres, l'écho pourrait redire distinctement deux syllabes prononcées à un intervalle d'un dixième de seconde. Il en redirait trois avec une distance de trois fois dix-sept mètres, et ainsi de suite. On cite plusieurs échos extraordinaires sous ce rapport, entre autres celui du parc de Woodstock, en Angleterre, qui répète jusqu'à dix-sept syllabes.

Il existe des échos qu'on appelle multiples, parce qu'ils répètent plusieurs fois le même son. Cela a lieu quand deux obstacles, placés vis-à-vis l'un de l'autre, se renvoient mutuellement les mêmes ondes sonores. On trouve, à douze kilomètres de Verdun, un écho de cette nature qui répète douze ou treize fois le même mot : il est dû à deux grosses tours, distantes l'une de l'autre de soixante-douze mètres. Celui du château de Simonetta, en Italie, est plus curieux encore : il rend quarante fois le même son.

— C'est bien intéressant, mon oncle, interrompit Gaston. Mais vous devez être fatigué, reposez-vous un moment. La chaleur est insupportable.

— Le temps passe plus agréablement en causant, répondit M. Michel. J'allais précisément vous parler de la chaleur : mon discours sera donc tout de circonstance.

Le soleil doit être considéré comme la principale source de la chaleur qui se fait sentir sur la terre. C'est sous l'influence des rayons de cet astre que les plantes se développent et que les eaux s'évaporent pour former les nuages. Sans la chaleur solaire, notre globe ne serait qu'une masse inanimée. La combustion dégage aussi une forte quantité de chaleur, mais ses effets ne se font sentir que dans un cercle très restreint. Le frottement, le choc, la percussion sont également des sources de chaleur.

La chaleur fait éprouver aux corps divers changements : elle les dilate, c'est-à-dire qu'elle en augmente le volume ; elle les liquéfie, c'est-à-dire qu'elle fait passer à l'état liquide certains solides ; enfin, elle les vaporise, comme l'eau et le mercure, lorsqu'elle agit sur ces deux liquides.

Tous les corps se dilatent par l'effet de la chaleur. Les plus dilatables sont les gaz, puis viennent les liquides et enfin les solides. Au contraire, les corps se contractent et diminuent de volume par l'effet du froid.

La chaleur tend sans cesse à se mettre en équilibre dans tous les corps ; aussi la chaleur des corps enfermés dans une même enceinte varie-t-elle sans cesse jusqu'à ce que cet équilibre se soit établi entre eux et entre les parois de l'enceinte. C'est cet état d'équilibre qu'on désigne sous le nom de température. Or, quand la quantité de chaleur sensible augmente ou diminue dans un milieu quelconque, on dit que la température s'élève ou s'abaisse.

Les instruments destinés à mesurer les températures et à apprécier leurs variations s'appellent thermomètres. Leur construction repose sur le principe général de la dilatation des corps par la chaleur. Les thermomètres le plus généralement employés se composent d'un tube en verre très étroit, fermé en haut, et terminé en bas par une petite boule creuse. La sphère et une partie du tube sont remplies soit de mercure, soit d'esprit-de-vin coloré en rouge. Une échelle graduée sur le tube même ou sur une planchette qui lui sert de support détermine la hauteur thermométrique de la température.

— Et comment a-t-on gradué les thermomètres ? demanda Gaston.

— Un peu de patience ! Je vais vous le dire, reprit M. Michel. Pour parvenir à graduer le thermomètre, on a choisi deux points fixes de température, qui sont donnés l'un par la fusion de la glace et l'autre par l'ébullition de l'eau. On a remarqué, en effet, que la température d'une masse de glace reste invariable pendant toute la durée de la fusion, et qu'il en est de même de la température de l'eau en ébullition. Quand on a obtenu ces deux points, en plongeant successivement le thermomètre dans la glace fondante et dans l'eau bouillante, on marque 0 au premier et 100 au second, et l'on divise l'intervalle en cent parties égales, qui sont appelées degrés du thermomètre. On prolonge les divisions au-dessus de 100 et au-dessous de 0, et leur ensemble forme ce que l'on appelle une échelle thermométrique. Le thermomètre ainsi gradué porte le nom de thermomètre centigrade.

On nomme thermomètre de Réaumur celui dont l'échelle, ayant pour points extrêmes la congélation et l'ébullition de l'eau, est divisée en 80 degrés. Dans le thermomètre de Fahrenheit, le point de congélation de l'eau est au 32e degré et celui de l'ébullition au 212°. L'intervalle compris entre ces deux points est divisé en 180 parties égales, qui sont les degrés de ce thermomètre.

La graduation des thermomètres à esprit-de-vin est la même que celle des thermomètres à mercure. On se sert particulièrement du thermomètre à esprit-de-vin pour mesurer les basses températures, parce que l'alcool peut être exposé au plus grand froid connu sans se congeler, tandis que le mercure se gèle vers 39 degrés au-dessous de zéro. Mais pour les températures un peu élevées, il faut faire usage du thermomètre à mercure ; car la chaleur ferait bouillir l'alcool, dont les vapeurs feraient éclater le tube.

On constate la température d'un corps solide en posant sur lui la boule d'un thermomètre : on laisse durer ce contact pendant quelques secondes, et l'on observe ensuite la hauteur à laquelle le liquide du thermomètre s'est élevé. La division qui correspond à cette hauteur indique le degré de température du corps.

La température des liquides se détermine en y plongeant l'extrémité inférieure du thermomètre : le chiffre vis-à-vis duquel s'arrête le mercure ou l'alcool exprime la température.

— Mon oncle, dit Gaston, j'ai lu dernièrement sur votre thermomètre diverses indications : orangers, tempéré, vers à soie, et plusieurs autres ; qu'est-ce que tout cela signifie ?

— Par exemple ! voilà une question naïve. Vis-à-vis de 7 degrés et demi centigrades se trouve le mot *orangers*, parce qu'il faut au moins cette température dans les lieux où l'on veut faire croître ces arbres ; à 12 degrés et demi, on lit *tempéré*, ce qui marque une chaleur douce ;

à 24 degrés est écrit *vers à soie*, c'est le degré de température qu'un thermomètre doit indiquer dans l'endroit où l'on élève ces précieux insectes ; à 32 degrés, on lit *bains*, parce que les bains doivent avoir ordinairement cette chaleur ; à 37 degrés, on voit *température du sang*, c'est en effet la chaleur que le sang de l'homme conserve constamment sous tous les climats et durant toutes les saisons ; à 100 degrés, on lit *ébullition ;* je vous ai déjà dit pourquoi : c'est la température de l'eau bouillante.

Au-dessous de zéro, à 7 degrés et demi, on inscrit aussi quelquefois *congélation des rivières,* parce que ces cours d'eau sont généralement pris par les glaces, lorsque la température de l'air est descendue à 7 degrés et demi au-dessous de zéro. Encore plus bas, on rencontre souvent le millésime d'une année : la division thermo-métrique qui se trouve à côté de ce millésime indique jusqu'où la température de l'atmosphère est descendue dans un hiver rigoureux. Eh bien ! as-tu compris, Gaston ?

— Veuillez m'excuser, mon oncle, si j'abuse

de votre obligeance. Je vous assure que ces petites explications m'étaient nécessaires.

— Il faut toujours me questionner, mon ami, lorsque mes causeries laisseront quelque point obscur dans ton esprit. J'engage Henri à faire de même. C'est donc chose entendue, et je vais me hâter de terminer ce qu'il me reste à vous dire de la chaleur, car nous ne tarderons pas à arriver chez le brave Antoine.

Si deux corps possédant des degrés de température différents sont mis en contact, le corps le plus chaud cède toujours une partie de sa chaleur à l'autre, et quelque temps après les deux corps sont aussi chauds l'un que l'autre : on dit alors que ces deux corps sont en équilibre de température.

Il n'y a pas de corps froids proprement dits, en ce sens qu'il n'existe pas de corps absolument privés de chaleur. Les corps que nous appelons froids peuvent produire sur des corps plus froids encore des phénomènes tout à fait semblables à ceux que les corps chauds produisent sur des corps moins chauds. Ainsi, tous les corps possèdent une certaine quantité de chaleur plus ou moins considérable, en sorte que tous émettent continuellement de la chaleur en même temps qu'ils en reçoivent de ceux qui les environnent. Si, par cet échange continuel, ils gagnent plus de chaleur qu'ils n'en perdent, leur température s'élève ; s'ils perdent autant qu'ils gagnent, leur température reste stationnaire ; enfin, s'ils perdent plus qu'ils ne reçoivent, leur température baisse. C'est le cas du thermomètre placé vis-à-vis d'un morceau de glace : cette glace envoie au thermomètre moins de chaleur qu'il ne lui en envoie lui-même.

C'est par une raison semblable que nous éprouvons une sensation de chaleur quand, l'hiver, nous pénétrons dans une cave ; tandis que c'est de la fraîcheur ou du froid que nous sentons, quand nous y pénétrons pendant l'été. La température de ces souterrains est à peu près constante ; mais en hiver notre corps, extérieurement plus froid, reçoit de la cave où il pénètre plus de chaleur qu'il n'en donne, et dans l'été, au contraire, il en perd plus qu'il n'en gagne, d'où vient qu'il semble que nous en recevions du froid.

Ces échanges de chaleur n'ayant pas seulement lieu entre les corps qui se touchent, mais encore dans le vide et à distance, on en conclut qu'ils se font par une sorte de rayonnement semblable à celui par lequel la lumière s'élance de sa source pour se porter à travers l'espace sur les corps qu'elle éclaire. Il y a donc un rayonnement calorifique comme il y a un rayonnement lumineux.

L'intensité de la chaleur apportée par les rayons calorifiques décroît rapidement à mesure que l'on s'éloigne du foyer ou de la source de chaleur.

Tous les corps ne sont pas également pénétrables à la chaleur. Les surfaces dépolies, hérissées d'aspérités, l'absorbent avec plus ou moins de facilité. Il en est de même des couleurs ternes. La couleur noire possède le pouvoir absorbant le plus considérable ; la blanche, au contraire, est assez difficilement perméable.

Exposez aux rayons de la même source de chaleur deux thermomètres dont les boules soient recouvertes, l'une d'un morceau d'étoffe noire, l'autre d'un morceau d'étoffe blanche, vous verrez le mercure monter bien plus rapidement dans le premier que dans le second. Si l'on étend sur la neige deux couvertures, l'une noire et l'autre blanche, la neige ne fondra pas sous celle-ci, tandis qu'elle diminuera sensiblement sous la noire.

Sur une surface métallique polie, les rayons de chaleur se réfléchissent, et la température du métal ne varie presque pas. Pourquoi? Parce que la presque totalité des rayons qui tombent sur cette surface polie sont renvoyés ou réfléchis par elle.

Je vous rendrai frappant ce phénomène de la réflexion de la chaleur au moyen de deux miroirs concaves, en cuivre poli, que je possède dans mon cabinet. Après avoir disposé ces miroirs en face l'un de l'autre, je placerai au foyer principal de l'un d'eux un morceau d'amadou, et au foyer principal de l'autre un petit panier en fil de fer rempli de charbons allumés. La chaleur réfléchie par le second miroir ira tomber sur la surface polie du premier, d'où, après une seconde réflexion, elle ira enflammer le morceau d'amadou placé au foyer de ce miroir. Quant aux miroirs qui reçoivent toute la chaleur qui produit cette combustion, ils sont eux-mêmes à peine chauds.

L'expérience a constaté que les corps qui se distinguent par un plus grand pouvoir absorbant possèdent aussi un pouvoir rayonnant plus considérable ; par conséquent, les corps qui s'échauffent le plus vite par rayonnement sont aussi ceux qui se refroidissent le plus promptement. Une foule d'applications utiles et intéressantes résultent de ces propriétés de la chaleur. Dis-moi, Henri, pourquoi les vêtements blancs seraient préférables en toutes saisons aux vêtements noirs.

— Pourquoi, mon oncle ? Mais parce qu'en été ils absorberont moins la chaleur du soleil, et qu'en hiver ils rayonneront moins la chaleur du corps.

— Bravo ! Et pour faire chauffer promptement un liquide, quel vase faudra-t-il prendre ?

— Un vase noirci extérieurement ; pour conserver ce même liquide longtemps chaud, je choisirais un vase à surface métallique polie.

— Et pour qu'une cheminée chauffe bien, comment devrait-elle être peinte à l'intérieur ?

— Mais toutes les cheminées sont noires à l'intérieur ! interrompit Gaston.

— Eh bien ! c'est là un grand défaut de construction, reprit M. Michel. Pour qu'une cheminée chauffe convenablement, il faut se garder de la noircir intérieurement ; il faut, au contraire, la revêtir de carreaux de faïence blanche ou mieux de plaques de métal polies, disposées de manière à réfléchir vers l'appartement les rayons de chaleur qu'elles reçoivent du foyer.

— Est-ce que la chaleur se propage avec la même facilité dans tous les corps ? demanda Gaston.

— Mais non, et en voici la preuve. On peut

faire rougir un morceau de charbon de bois, même fort court, par une de ses extrémités, et le tenir à la main par l'autre bout, sans rien éprouver ; mais essayez de faire la même chose avec une tige de fer de même longueur, et vous vous brûlerez ! La chaleur se propage donc plus facilement dans le fer que dans le charbon. C'est ce que l'on exprime en disant que le fer est meilleur conducteur de la chaleur que le charbon.

Les corps se distinguent donc aussi par leurs propriétés conductrices de la chaleur ou conductibilité. Parmi les solides, les métaux sont ceux qui conduisent mieux la chaleur. Les bois, la laine, le coton, le duvet, l'ouate, la conduisent moins bien et sont dits mauvais conducteurs, par opposition aux métaux qu'on nomme bons conducteurs. Si les étoffes de laine semblent chaudes, ce n'est pas parce qu'elles fournissent de la chaleur, comme on le croit communément, mais parce qu'elles s'opposent au passage rapide de la chaleur du corps dans l'espace. Saurais-tu me dire, Henri, pourquoi il est utile de munir d'un manche de bois les poêlons en fer destinés à être mis sur le feu?

— Parce que le bois est mauvais conducteur de la chaleur. Ce manche permet de retirer les poêlons du feu sans risquer de se brûler la main.

— Mais la propagation de la chaleur peut-elle varier dans un même corps? L'expérience l'atteste, reprit M. Michel. En effet, la main peut tenir sans éprouver de douleur un fil métallique très mince rougi au feu, tandis qu'on se brûlerait cruellement si on essayait l'expérience avec un fil plus gros.

Les liquides, eux, sont de très mauvais conducteurs de la chaleur. Si un liquide exposé au feu entre promptement en ébullition, c'est que la partie la plus voisine du foyer s'échauffe la première, se dilate, devient plus légère que le reste de la masse et s'élève alors vers les couches supérieures. De là naissent au sein du liquide de nombreux courants ascendants et descendants, au moyen desquels les molécules échauffées vont porter la chaleur à celles qui sont plus éloignées de la source, tandis qu'elles sont remplacées par d'autres, qui s'échauffent à leur tour et suivent la même loi.

Les gaz sont peut-être encore plus mauvais conducteurs de la chaleur que les liquides. Cependant, si leurs molécules ne sont pas gênées, si elles peuvent se mouvoir librement, elles transmettent la chaleur de la même manière que les molécules liquides en mouvement, et avec plus de rapidité, parce qu'elles sont plus légères. De là vient qu'un ballon éprouve une dilatation subite à l'apparition du soleil. Aussi, pour rendre l'air plus mauvais conducteur, il faut gêner le mouvement de ses molécules par le moyen de corps légers. C'est pour cette raison que les édredons, les habits ouatés, les fourrures, forment des vêtements très chauds, quoique fort légers.

Un physicien prouvait le peu de conductibilité de l'air par une expérience fort curieuse. Il plaçait un fromage à la glace au milieu d'un plat, puis il versait par-dessus des œufs battus de manière à former une mousse renfermant une grande quantité d'air. Il mettait ensuite sur le plat un four de campagne bien chaud pour faire prendre rapidement les œufs. L'air enfermé dans les bulles empêchait suffisamment la propagation de la chaleur pour qu'on eût, au milieu d'une omelette soufflée brûlante, un fromage à la glace.

La différence qu'on remarque dans la puissance conductrice des corps pour la chaleur permet d'expliquer plusieurs faits curieux qu'on observe tous les jours. Le fer et le marbre paraissent être très froids en hiver, et, au contraire, très chauds en été. Ces corps ne sont pourtant en réalité ni plus froids ni plus chauds que ceux qui les environnent. Mais, en été, la plupart des objets exposés aux rayons du soleil ont une température plus élevée que celle du corps humain ; si donc nous venons alors à toucher un morceau de fer ou de marbre, ces deux substances étant bonnes conductrices de la chaleur, nous céderont à l'instant une partie de leur chaleur, et nous éprouverons une sensation de chaleur.

Les corps mauvais conducteurs de la chaleur, le bois par exemple, cèdent aussi de la chaleur à notre corps; mais cette transmission se fait lentement, d'une manière insensible, et c'est pourquoi nous n'éprouvons pas à leur contact une si forte sensation de chaleur.

En hiver, les objets exposés à l'air libre sont généralement plus froids que notre corps. Si nous touchons alors un corps bon conducteur, tel que le fer ou le marbre, il nous enlève subitement une partie notable de chaleur, et ces objets nous paraissent extraordinairement froids. Les corps mauvais conducteurs, comme le bois, nous enlèvent insensiblement de petites portions de chaleur, et voilà pourquoi ils nous semblent moins froids en hiver que le fer et le marbre.

S'il est dangereux de poser les pieds nus sur un pavé de marbre, tandis qu'un parquet de chêne n'offre pas les mêmes inconvénients, c'est uniquement parce qu'il existe dans le premier une propriété conductrice capable de produire un abaissement de température trop grand, tandis que cette propriété n'existe pas au même degré dans le second.

M. Michel cessa de parler. Ils entraient en ce moment dans la cour du brave Antoine, qui les accueillit joyeusement. Sa femme, en effet, grâce à la médication du docteur, se trouvait beaucoup mieux.

VI.

DILATATION ET VAPORISATION.

Effets de la dilatation dans les solides, les liquides et les gaz. — Chaleur sensible et chaleur latente. — Mélanges réfrigérants. — Evaporation et vaporisation. — Ebullition et distillation. — Tension ou force élastique des gaz. — La marmite de Papin et les machines à vapeur.

Henri, Gaston et M. Michel étaient, un soir, réunis dans le cabinet de physique, examinant un thermomètre.

— Je vous ai déjà parlé de la dilatation des corps par la chaleur, à propos de cet instrument, commença le docteur. Vous savez donc que si la quantité de chaleur augmente dans un corps, le volume de celui-ci augmente aussi.

— Et l'on dit alors que le corps se dilate, interrompit Gaston.

— En effet. Un fil métallique que l'on fait rougir au feu s'allonge sensiblement. Cette boule de cuivre qui, étant froide, peut passer à frottement dans cet anneau, ne le pourra plus dès que je l'aurai chauffée suffisamment : vous avez pu souvent remarquer que les fentes d'un poêle s'élargissent par l'effet de la chaleur, et que les pendules exposées dans un lieu trop chaud retardent toujours, parce que leur balancier s'allonge, se dilate sous l'influence de la chaleur.

Les ustensiles de verre, les poteries, se brisent quand on les fait passer brusquement d'une température à une autre très différente. Cela vient de ce que ces matières étant mauvais conducteurs de la chaleur, quelques-unes de leurs parties sont plus tôt contractées ou dilatées que les parties voisines, ce qui produit une séparation violente entre les molécules, un déchirement dans la matière du vase.

En changeant la dimension des corps, la chaleur peut produire des effets mécaniques très puissants. Une voûte du Conservatoire des arts et métiers, à Paris, se trouvait fendue et menaçait ruine à cause de l'écartement des deux murs d'appui. On traversa ces deux murs de barres de fer, terminées à l'une de leurs extrémités par un fort boulon, et à l'autre par un pas de vis muni d'un écrou. On chauffa ces barres de fer, et pendant qu'elles s'allongeaient, on serra l'écrou contre la muraille, puis on laissa refroidir. La contraction du fer ramenait alors les murs l'un vers l'autre, et, par ce procédé répété plusieurs fois, la voûte se referma.

C'est pour se mettre à l'abri des effets de la dilatation du fer qu'on ne serre jamais l'une contre l'autre les extrémités des barres de fer qui forment les rails des chemins de fer. La même précaution s'observe dans l'assemblage des tuyaux en fonte qui servent de conduite à l'eau. On laisse libres également les barres des grilles en fer à l'un de leur bout, et, pour le même motif, les plaques de zinc qui couvrent certains édifices ne sont fixées au moyen de clous que sur une partie de leur pourtour.

Les dilatations des liquides et des gaz produisent des phénomènes non moins dignes d'attention que les dilatations des solides. A mesure que la température augmente, vous pouvez voir le niveau de l'eau s'élever dans un vase exposé à l'action de la chaleur. Le café, le lait, la sauce, se dilatent et s'enfuient, comme on dit vulgairement, lorsqu'on les laisse trop longtemps sur le feu. Une quantité d'eau-de-vie qui, en hiver, mesure cent litres, peut, par le seul fait de sa dilatation, en mesurer cent quatre en été.

Mais il n'existe pas de corps plus sensibles à l'action de la chaleur que les gaz. Qui ne connaît les terribles effets de la poudre à canon ? Ils ne sont dus qu'à l'expansion subite des gaz qui se dégagent par la combustion de cette préparation. La vapeur de l'eau chauffée en vase clos est capable de produire des effets plus surprenants encore. C'est l'air qui, dilaté par la chaleur dans les bûches du foyer, dans les marrons que l'on rôtit, les fait crépiter, crever et lancer des étincelles. C'est aussi l'air dilaté qui, en s'élevant dans le tuyau d'une cheminée, entraîne avec lui la fumée et tous les produits volatils de la combustion.

La construction des vasistas repose également sur la dilatation de l'air. Vous savez que ces appareils sont placés dans les salles où se tiennent des réunions nombreuses, afin d'y renouveler l'air. L'air intérieur, échauffé et par conséquent dilaté par la présence des personnes assemblées, s'élève vers la partie supérieure de la salle, se déverse et sort par le vasistas, tandis qu'un autre air pur et frais arrive du dehors pour remplacer l'air chaud et vicié qui s'en va.

Un assez grand nombre de corps nous apparaissent successivement sous les trois états, solide, liquide et gazeux, par le seul effet d'un changement de température, pour qu'il soit permis d'en conclure que cette diversité d'états a pour cause une quantité de chaleur plus ou moins grande, qui serait comme engagée entre les molécules des corps.

Quand un corps solide passe à l'état liquide, il absorbe une quantité de chaleur considérable, sans que l'on observe un changement dans sa température. Dans la glace entrée en fusion, par exemple, le thermomètre reste stationnaire jusqu'à ce que la glace soit entièrement fondue, à quelque source de chaleur qu'elle soit d'ailleurs exposée. Il en est de même des liquides passant à l'état de vapeur.

Que devient donc toute cette chaleur que le corps solide en liquéfaction, ou le corps liquide en vaporisation, reçoit sans qu'il en résulte pour lui la moindre élévation de température? Ne semble-t-il pas que la chaleur est employée à maintenir le corps dans son nouvel état? Aussi a-t-on donné à cette chaleur le nom de chaleur latente, parce qu'elle n'agit point sur le thermomètre. La chaleur perçue par le thermomètre a reçu, en opposition, le nom de chaleur sensible.

La chaleur absorbée par la fusion des corps solides, de même que celle qui est absorbée par la vaporisation des liquides, reparaît quand le liquide retourne à l'état solide ou quand la vapeur reprend l'état liquide. En effet, les métaux fondus dégagent énormément de chaleur quand ils reprennent leur état primitif, et la vapeur d'eau, en se condensant, rend tant de chaleur, qu'on s'en sert journellement pour cuire les aliments, chauffer les bains, les ateliers, et même les édifices les plus vastes.

De ce que la fusion d'un corps ne peut se produire que par l'absorption d'une quantité plus ou moins grande de chaleur, il résulte que si, par une cause quelconque autre que la chaleur, on détermine un corps à se fondre, ce corps prendra aux objets environnants la quantité de chaleur qui lui est nécessaire pour changer d'état, et par conséquent ces objets subiront un certain abaissement de température.

Ainsi, si on mélange une partie de sel marin avec trois parties de neige ou de glace pilée, l'affinité du sel pour l'eau détermine la fusion de la glace : le mélange passe à l'état liquide, et le thermomètre s'y abaisse jusqu'à 20° au-dessous de zéro. Les pâtissiers se servent de ce mélange pour faire congeler les sirops et les crèmes, dont ils composent ensuite leurs glaces. Par d'autres mélanges réfrigérants, on peut produire des froids de 60° à 80°.

Quand il nous tombe sur la main quelques gouttes d'éther, le froid que nous éprouvons provient de la grande quantité de chaleur que nous prend ce liquide pour se constituer à l'état de vapeur.

Dans les pays chauds, on se sert de vases extrêmement poreux, nommés *alcarazas*, afin de rafraîchir l'eau. Ces vases étant remplis, on les suspend dans un lieu où règne un courant d'air. Une partie du liquide suinte lentement à travers les parois du vase et s'évapore. Par l'effet de cette évaporation, la température du vase s'abaisse, et l'eau qu'il contient se trouve parfaitement rafraîchie.

L'abaissement de température produit par le passage de l'état liquide à l'état gazeux peut aller jusqu'à congeler l'eau et même le mercure, bien que ce dernier ne se solidifie qu'à 39° au-dessous de zéro. L'acide carbonique liquéfié, puis solidifié au moyen d'un appareil convenable, absorbe une telle quantité de chaleur, que le mercure en contact avec cet acide se prend instantanément en une masse solide, au point qu'il devient possible d'en frapper des médailles.

— Faites-nous une expérience, mon oncle! dit Henri.

— Oui, oui, s'écria Gaston. De la glace ! de la glace !

M. Michel alla chercher un vase en métal mince, ayant la forme d'une soucoupe peu profonde, soutenue par trois pieds ; puis, un autre vase en verre en forme de coupe à large ouverture. Dans le premier, il mit de l'eau ; dans le second, de l'acide sulfurique ; puis, il posa le vase de métal sur les bords de la coupe de verre et plaça le tout sous le récipient de la machine pneumatique.

— Faites le vide maintenant, dit-il à ses neveux. A mesure que l'air se raréfiera, l'eau, n'ayant plus à supporter le poids de l'atmosphère, passera en vapeurs ; or, l'acide sulfurique, étant extrêmement avide d'eau, absorbera les vapeurs d'eau au fur et à mesure qu'elles se produiront. Et comme l'eau ne peut se vaporiser qu'en prenant de la chaleur au liquide restant et au vase de verre qui le contient, comme l'acide sulfurique absorbe sans cesse les nouvelles vapeurs et qu'il s'en produit ainsi continuellement de nouvelles, l'eau ne tardera pas à se trouver amenée à son point de congélation.

— Voyez, mon oncle! dit Henri. L'opération est terminée : nous avons fait de la glace.

— Nous allons maintenant continuer notre causerie, reprit le docteur. Nous voyons tous les jours des substances liquides se transformer spontanément en vapeurs, qui se mêlent à la masse atmosphérique. Ce phénomène a reçu le nom d'évaporation. Mais quand le liquide est exposé à une source directe de chaleur, la formation de la vapeur n'a pas lieu seulement à la surface; le changement d'état se produit aussi au sein même de la masse liquide, et la transformation est d'autant plus rapide que la source de chaleur est plus forte. Ce phénomène s'appelle vaporisation.

Le phénomène de l'évaporation se produit sur la surface des mers, des lacs et des rivières, comme dans les vases qui servent à nos usages.

Des lacs reçoivent des cours d'eau considérables sans déborder, bien qu'il n'y ait cependant pas d'écoulement apparent. On pourrait croire que ces eaux se perdent dans le sein de la terre, tandis qu'en réalité elles s'échappent par l'air.

Deux causes favorisent l'évaporation : l'agitation de l'air et la chaleur. En effet, un linge humide sèche plus vite quand il fait du vent que quand l'air est calme. Si un courant d'air dirigé sur un liquide chaud le refroidit, c'est qu'il en hâte l'évaporation. D'autre part, plus la température de l'air est élevée, plus il peut recevoir de vapeur ; aussi voit-on l'évaporation s'effectuer plus vite par un temps chaud que par un temps froid.

La vaporisation est ordinairement accompagnée de ce phénomène tumultueux qui est connu sous le nom d'ébullition. Lorsqu'un liquide a atteint une certaine température, il se forme, dans celles de ses couches qui sont plus exposées à l'action de la chaleur, des bulles qui s'élèvent vers la surface, mais qui, rencontrant des couches encore trop froides, se condensent rapidement. De là dans la masse liquide et dans la matière du vase des vibrations qui produisent un frémissement particulier qui n'est point encore l'ébullition, mais qui la précède. Bientôt les couches supérieures se trouvant suffisamment échauffées, les bulles de vapeur atteignent la surface liquide, la soulèvent, et crèvent en formant des nuages qui se mêlent à l'air.

Tous les liquides n'entrent pas en ébullition à la même température. Ainsi l'eau pure bout à 100°, le soufre à 400, l'huile de lin à 315, le mercure à 350, l'alcool ou esprit-de-vin à 79. C'est sur cette propriété des substances d'être volatiles à différents degrés de température qu'est fondé l'art du distillateur. Si, par exemple, on porte à 90° la température d'un mélange d'eau pure et d'alcool, ce dernier se vaporisera totalement, puisqu'il entre en ébullition à 79°; l'eau, au contraire, ne dégagera que très peu de vapeurs, puisque son point d'ébullition est à 100°. On est donc certain que la plus grande partie des vapeurs qui se dégagent de ce mélange, lorsque sa température dépasse 79° sans atteindre 100°, sont des vapeurs alcooliques. On peut recevoir ces vapeurs alcooliques dans un récipient, où on les condensera par le refroidissement, pour les faire repasser à l'état liquide, et l'on obtient ainsi de l'alcool presque pur.

Ces sortes d'opérations s'exécutent dans des vases nommés alambics. En voici un dont je me sers ordinairement pour mes distillations. Il se compose de trois parties : une cucurbite, ou chaudron de cuivre, disposée sur un fourneau, dans laquelle se met la substance à distiller ; un chapiteau, ou couvercle bombé, fermant exactement la cucurbite ; un serpentin, long tube métallique sortant du chapiteau, puis se contournant en spirale et plongeant dans une cuvette d'eau froide, doù il ressort par son extrémité. Aussitôt que la vapeur se forme dans la cucurbite, elle s'élève dans le chapiteau, passe dans le serpentin, se condense à travers ses replis par l'effet de l'eau froide et vient sortir, à l'état liquide, par l'extrémité inférieure du serpentin qui traverse la cuvette, et où on recueille la substance distillée.

C'est avec cet appareil que je sépare l'eau de certains sels qu'elle tient en dissolution, et que je me procure, pour mes expériences chimiques, ce liquide à l'état de pureté sous le nom d'eau distillée.

L'eau, qui ne bout dans l'air qu'à une température de 100°, éprouve dans le vide, sous le récipient de la machine pneumatique, une véritable ébullition à toutes les températures. Pourquoi? Parce que la pression atmosphérique ne s'exerce pas dans le vide sur le liquide. Donc, un liquide ne peut entrer en ébullition sous la pression atmosphérique qu'au moment où la force élastique de sa vapeur est devenue capable de faire équilibre à cette pression. C'est pour cette raison qu'un même liquide bout sur les hautes montagnes à un moindre degré de température que dans la plaine. Sur le sommet du mont Blanc, l'eau bout à 84° seulement.

Si un liquide était soumis à une pression indéfinie, serait-il possible d'en élever indéfiniment la température? On le pourrait certainement, s'il était possible de former des vases d'une matière assez solide pour résister aux forces toujours croissantes de la vapeur qui se forme. Ainsi, dans un appareil inventé par Papin vers le milieu du xviie siècle et connu sous le nom de marmite de Papin, on élève l'eau à des températures de beaucoup supérieures à celle de l'ébullition sous la pression ordinaire.

La pression exercée par les vapeurs contre les parois des vases qui les retiennent captives s'appelle tension ou force élastique. La tension devient d'autant plus grande, que l'espace occupé par un même poids de vapeur est plus petit et la température de la vapeur plus élevée.

Quand on dit que la tension ou la force élastique de la vapeur monte, dans une chaudière, à deux, à trois, à quatre atmosphères, cela signifie qu'il faudrait une pression double, triple ou quadruple de celle de l'atmosphère pour faire équilibre à l'effort que produit cette chaudière. Vous concevez maintenant les effets considérables que l'on peut obtenir par la force élastique de la vapeur d'eau.

Le médecin français, Denis Papin, eut le premier l'idée de combiner la force élastique de la vapeur d'eau avec la propriété qu'a cette vapeur de repasser à l'état liquide par voie de refroidissement; et même, quand il créa ce simple appareil qu'on appela marmite de Papin, il inventa la machine à vapeur. Si donc l'Anglais Watt perfectionna les premières machines, la France peut revendiquer la gloire de l'invention.

On donne le nom de machines à vapeur à toutes machines mises en mouvement par l'action de la vapeur d'eau. Ces machines se divisent en quatre classes : les machines fixes pour les usines, les machines de navigation pour les bateaux à vapeur, les locomotives pour les chemins de fer, et les locomobiles pour l'agriculture.

La vapeur qui met ces machines en mouvement se forme dans des chaudières très solides, où l'on porte l'eau à des températures très élevées. A la sortie de la chaudière, cette vapeur est conduite, par des tuyaux, vers un cylindre dans l'intérieur duquel se meut un piston. Ce cylindre est fermé à chaque extrémité par une forte plaque, et l'une des deux plaques est percée à son centre pour livrer passage à la tige du piston. Le tout est construit ordinairement de telle sorte, que la vapeur presse alternativement contre chacune des faces du piston. Ce dernier est ainsi forcé de prendre un mouvement de va-et-vient, qui se transforme ensuite en un mouvement de rotation, lequel se communique à toutes les pièces de la machine.

Je ne vous ai dit qu'un mot dernièrement des sources de la chaleur : je vous ai cité le soleil, la combustion, le frottement. Il faut y joindre les actions chimiques et l'électricité.

L'expérience prouve qu'il n'y a point de combinaison chimique possible sans dégagement de chaleur. Je vous rappellerai seulement la chaleur produite par la fermentation des raisins dans les cuves, par le foin rentré encore humide dans les granges, par le fumier en décomposition.

La puissance de chaleur de l'électricité l'emporte sur toutes celles que nous ayons à notre disposition.

M. Michel cessa de parler, et la petite société se rendit dans la salle à manger, auprès de Mme Dubreuil, afin de lui consacrer le reste de la soirée.

VII.

ÉLECTRICITÉ.

Définition de l'électricité. — Corps bons conducteurs et mauvais conducteurs. — Le pendule électrique. — Électricité vitrée et électricité résineuse. — Les lois de l'électricité. — La machine électrique. — La bouteille de Leyde. — Le paratonnerre. — Les piles. — La lumière électrique. — La galvanoplastie.

— Venez dans mon cabinet de physique, dit un jour le docteur à ses deux neveux. Comme je désire vous entretenir aujourd'hui de l'électricité, j'ai besoin d'avoir certains instruments sous la main.

— Nous vous suivons, mon oncle, répondit Henri.

— Asseyez-vous donc, mes amis. Et d'abord, qu'est-ce que l'électricité?

On donne le nom d'électricité à certains phénomènes d'attraction et de répulsion, de lumière, de commotion, qui se produisent dans les corps sous l'influence de certaines causes.

Le premier phénomène électrique connu a été un phénomène d'attraction. Les anciens avaient remarqué qu'en frottant un bâton d'ambre jaune, en grec *électron*, d'où est venu le nom d'électricité, ce bâton acquérait la propriété d'attirer les corps légers. Plus tard, au XVIIᵉ siècle, on reconnut qu'une foule de corps jouissent de la même propriété ; telles sont la plupart des matières résineuses et vitrées. Si vous frottez vivement ce bâton de cire à cacheter, et si vous l'approchez ensuite de menus morceaux de papier, il les attirera, comme vous pouvez vous en convaincre par l'expérience.

Les corps susceptibles de s'électriser par le frottement ne laissent point ordinairement à l'électricité la faculté de s'écouler librement ailleurs : ces corps ont été nommés mauvais conducteurs ; les corps, au contraire, qui ne s'électrisent point ou ne s'électrisent que sous certaines conditions par le frottement, laissent l'électricité circuler et s'écouler librement à leur surface ; ces corps ont reçu le nom de bons conducteurs. Tels sont les métaux, le bois, les substances animales et végétales, la terre, les liquides, la vapeur d'eau, et en général tous les objets humides.

Un corps est isolé, lorsqu'il a pour support un corps mauvais conducteur. Ainsi, quand un homme est debout sur un gâteau de résine ou un tabouret à pied de verre, il s'électrise dans toute son étendue en touchant avec la main des corps électrisés ; mais vient-il à se poser sur le sol, qui est bon conducteur, il ne conserve rien de l'électricité qu'il avait ; il la transmet au sol, où elle va se perdre. Les corps employés d'ordinaire comme isolants sont le verre, la résine commune, la gomme laque et les fils de soie.

Pour connaître si un corps est électrisé, on se sert du petit instrument que voici : il se compose d'une petite balle de moelle de sureau suspendue à l'extrémité d'un fil de soie supporté par une tige de verre ; c'est le pendule électrique. Lors donc qu'on veut savoir si un corps est chargé d'électricité, on l'approche de la balle de sureau ; et s'il ne peut pas l'attirer à lui, on est assuré que ce corps n'a point d'électricité. Par exemple, j'approche la balle de ce couteau à papier ; elle reste immobile.

Je vais électriser par le frottement ce tube de verre, et lui présenter la petite balle de sureau ; voyez, elle est d'abord attirée fortement par le tube ; et puis, dès que par le contact il lui a communiqué son électricité, il la repousse. Exposons maintenant la balle repoussée par le verre à l'action de ce bâton de résine que je viens de frotter : elle en est vivement attirée. Si je présente ensuite le pendule à la résine, il sera d'abord attiré par elle, puis aussitôt repoussé comme par le verre ; mais si alors je l'expose à l'influence du bâton de verre, voyez, il l'attirera avec force.

Pour compléter l'expérience, prenons deux pendules ; électrisons leurs balles, l'une par le verre, l'autre par la résine : les deux balles s'attireront ; électrisons-les toutes deux par le même corps électrique, le verre par exemple, elles se repousseront mutuellement.

Pour expliquer ces phénomènes d'attraction et de répulsion, on a été amené à supposer que l'électricité du verre et celle de la résine sont de nature différente, puisque l'une attire ce que l'autre repousse. L'électricité développée sur le verre a reçu le nom d'électricité vitrée ou positive ; l'électricité produite par le frottement de la résine, celui d'électricité résineuse ou négative ; et l'on a formulé cette loi : que les électricités de même nom se repoussent et que les électricités de noms contraires s'attirent.

Lorsque les deux électricités sont réunies par leur attraction mutuelle en quantités égales, elles composent ce qu'on appelle le fluide neutre. Les corps à l'état neutre ne donnent absolument aucun signe quelconque d'électricité ; ils n'attirent ni ne repoussent. Tous les corps de la nature possèdent les deux électricités combinées en quantité indéfinie.

Les corps bons conducteurs, dès qu'ils sont isolés, peuvent s'électriser par le contact : il suffit de les mettre en communication avec un corps déjà électrisé ; on peut même les électriser aussi en les approchant seulement à une certaine distance d'une source d'électricité qui agit alors, par sa seule présence, sur le fluide neutre du corps bon conducteur, décompose ce fluide, attire de son côté l'électricité de nom contraire à la sienne et repousse l'électricité de même nom. C'est ce qu'on appelle électriser par influence.

Un corps électrisé par influence peut électriser aussi de la même manière les corps voisins, et ses actions successives peuvent se propager à de grandes distances. Mais la cause première de ces décompositions vient-elle à cesser, tous ces corps rentrent instantanément dans l'état neutre. Lorsque cette recomposition s'opère brusquement, les deux électricités déterminent dans les corps des secousses plus ou moins violentes, que l'on désigne sous le nom de choc en retour.

La transmission du fluide électrique s'opère dans l'étendue d'un corps bon conducteur avec la plus grande rapidité : il se transporte instantanément d'un bout à l'autre d'un fil métallique de plus de quatre kilomètres de longueur. La vitesse d'un fluide électrique est d'environ 460,000 kilomètres par seconde.

Si l'électricité à l'état neutre est uniformément répandue dans toute la masse des corps, il n'en est pas de même de l'électricité à l'état libre. Une fois développée, elle se hâte de gagner la surface des corps, et de là elle passerait dans l'atmosphère, si l'air ne la retenait par sa pression. En effet, il devient impossible de charger un conducteur, si on le place dans le vide produit par la machine pneumatique, car, au fur et à mesure qu'on lui transmet de l'électricité, elle s'échappe sous la forme d'aigrettes lumineuses.

La forme des corps influe beaucoup sur la distribution du fluide électrique à leur surface. Sur une boule, il se distribue uniformément; sur les corps allongés, il afflue vers les extrémités; si le corps se termine en pointe aiguë, l'électricité s'y porte et s'échappe. Cette propriété des pointes de faciliter l'écoulement du fluide électrique a reçu le nom de pouvoir des pointes.

Approchons-nous maintenant de la machine électrique. Vous voyez qu'elle se compose d'un corps frottant, d'un corps frotté et d'un conducteur isolé.

Le corps frotté est le plateau circulaire en verre, tenu dans une position verticale et fixé sur un axe auquel cette manivelle imprime un mouvement de rotation.

Le corps frottant consiste en plusieurs coussins de peau, rembourrés de crin ; ils sont attachés à des supports en bois qui communiquent avec le sol, sont placés en face les uns des autres et pressent de chaque côté le plateau de verre.

Le conducteur isolé consiste en deux gros tubes de cuivre fixés sur des colonnes de verre qui servent à la fois de supports et d'isoloirs ; leurs extrémités se terminent par des branches recourbées garnies de pointes, dont la partie aiguë regarde la surface du disque de verre. Les deux tubes sont reliés entre eux par un autre tube de cuivre à l'extrémité opposée au plateau de verre. Ils se terminent par des boules. Il y en a une également au milieu du tube qui les relie. Ces boules empêchent l'électricité de s'échapper.

Mettons le plateau de la machine en mouvement ; il se charge d'électricité vitrée par l'effet du frottement que les coussins exercent sur lui. Cette électricité vitrée décompose par influence l'électricité neutre du conducteur, y refoule le fluide de même nom, c'est-à-dire l'électricité vitrée, et attire l'électricité résineuse jusque dans les pointes, d'où elle se porte sur le plateau pour y neutraliser une quantité égale d'électricité vitrée. Mais ce fluide neutre est de nouveau décomposé par le frottement des coussins ; le conducteur se charge encore d'une nouvelle quantité d'électricité vitrée, et ainsi de suite jusqu'à ce qu'enfin le fluide du conducteur et celui du plateau soient à la même tension, ou bien que le conducteur perde autant dans l'atmosphère qu'il reçoit de la source électrique.

En ce moment, le docteur fut interrompu par Mme Dubreuil.

— Les jeunes Bernard demandent à voir Henri et Gaston, dit-elle en entrant.

— Introduis-les, ma sœur, répondit M. Michel. Ils assisteront à nos expériences.

Les deux collégiens serrèrent la main à leurs camarades, et, après quelques instants de conversation, M. Michel dit en souriant aux amis de ses neveux :

— Nous en étions précisément à étudier la machine électrique. Nous allons faire quelques expériences. Approchez, s'il vous plaît, la main du conducteur chargé d'électricité. Il en jaillira des étincelles très vives.

— Et très piquantes ! interrompit Gaston en secouant sa main.

— Maintenant, reprit le docteur, montez sur ce tabouret à pieds de verre. Allons, Henri, montre l'exemple. Touche donc le conducteur de la machine ; c'est cela, te voilà électrisé. Gaston, tourne la manivelle. Vous autres, tirez des étincelles des oreilles, du nez, des mains de Henri.

— Assez ! assez ! dit Henri ; vous me faites mal.

— A ton tour, Gaston ; va sur le tabouret.

Touche le conducteur, et que quelqu'un mette le disque en mouvement. Je vais maintenant approcher de ta tête cette grosse boule de cuivre suspendue au plafond.

— Tous les cheveux de Gaston se hérissent ! s'écria l'un des Bernard.

— Et ils envoient des étincelles vers la boule ! dit l'autre.

— J'éprouve des picotements dans la tête, ajouta Gaston en descendant de l'isoloir.

— Voici une bouteille de Leyde, reprit le docteur. On l'appelle ainsi du nom de la ville de Hollande où elle fut inventée. C'est tout simplement un porteur ou conservateur d'électricité. L'appareil se compose d'un flacon de verre revêtu à l'extérieur, jusqu'aux deux tiers de sa hauteur, d'une feuille d'étain, que l'on appelle armature extérieure ; à l'intérieur, le flacon est rempli de feuilles légères d'or : c'est l'armature intérieure. Le goulot est fermé par un bouchon de liège à travers lequel passe une tige de cuivre qui communique avec l'armature intérieure. Cette tige, recourbée extérieurement en forme de crochet, se termine par une boule de cuivre.

Chargeons cet appareil. Je prends la bouteille à la main et j'applique le bouton de la tige en cuivre sur l'un des conducteurs de la machine électrique. Pendant que vous faites tourner le plateau, le fluide vitré des conducteurs passe sur les feuilles d'or par l'intermédiaire de la tige en cuivre et s'accumule à l'intérieur de la bouteille. Il décompose par influence, à travers les parois de celle-ci, le fluide neutre de l'armature extérieure ; le fluide résineux attiré reste à la surface du verre, le fluide vitré repoussé s'écoule dans le sol en passant par mon corps, sans que j'en éprouve aucune sensation.

Mais la bouteille est déjà suffisamment chargée. Dans cet état, si, au moyen d'un corps bon conducteur, on touche l'armature extérieure et en même temps le bouton de la tige de cuivre, les deux électricités se recomposent, et, au moment de la combinaison, une vive étincelle se produit en faisant entendre un craquement sec.

Comme je vous l'ai dit, le corps humain est bon conducteur de l'électricité. Si donc je prends à la main la bouteille de Leyde par l'armature extérieure et que j'approche l'autre main du bouton de cuivre, la réunion des deux électricités s'opère instantanément, avec les mêmes effets de lumière et de bruit ; mais j'éprouverai dans la main, les bras, les épaules, et même la poitrine, un mouvement de contraction, une secousse qui n'a rien de dangereux, pourvu que la bouteille soit, comme celle-ci, de dimensions réduites.

Vous n'ignorez pas qu'on peut électriser plusieurs personnes à la fois. Je vais vous le prouver. Prenons-nous tous la main, et que Gaston soit le dernier de cette chaîne électrique, et moi le premier. Attention ! Je tiens la bouteille électrisée par l'armature extérieure, et Gaston, placé à l'autre extrémité de la file, touchera la boule de la tige. Y êtes-vous ? Oui. C'est cela, la décharge est opérée, et nous avons tous ressenti la secousse.

Les dimensions données à la bouteille de Leyde sont variables ; mais quand on veut obtenir de fortes décharges, on réunit dans une même caisse un certain nombre de bouteilles de Leyde dont toutes les armatures communiquent ensemble par des tringles de cuivre. Une réunion de grandes bouteilles ainsi disposées prend le nom de batterie électrique.

Quand on décharge cet appareil, l'effet qui en résulte est assez puissant pour volatiliser les métaux. On est même parvenu à tuer un bœuf avec une forte batterie. Vous concevez qu'une batterie ne peut être déchargée qu'au moyen de l'excitateur, et qu'il serait de la plus grande imprudence de s'exposer à recevoir soi-même la décharge. L'excitateur est formé de deux arcs métalliques qui peuvent être rapprochés ou écartés l'un de l'autre, grâce au jeu d'une charnière centrale. Sur chacun de ces arcs, destinés à mettre les deux armatures en communication, sont fixées des poignées en verre qui interceptent tout contact électrique entre les arcs et les mains de l'opérateur.

L'étincelle ou la lumière électrique n'apparaît donc que lorsque deux fluides électriques se combinent. C'est cette combinaison qui se manifeste lorsque nous tirons des étincelles de la machine électrique ; c'est elle aussi qu'on produit dans une quantité d'appareils. Dans le vide, la lumière électrique se montre sous forme de gerbes continues très brillantes. L'éclair est une étincelle électrique produite par la combinaison des électricités contraires de deux nuages qui se rencontrent, et le coup de tonnerre la détonation qui se produit pendant cette combinaison. La découverte de cette identité de l'électricité et de la foudre est due à Franklin, qui en a tiré immédiatement l'invention des paratonnerres.

Vous avez vu tous au moins un paratonnerre. C'est une tige de fer terminée en pointe, fixée verticalement au sommet d'un édifice élevé, et qui communique avec la terre humide ou avec l'eau d'un puits par un conducteur aussi en fer et sans solution de continuité.

Voici maintenant ce qui se passe. Lorsqu'un nuage chargé d'électricité passe dans le voisinage du paratonnerre, celui-ci est électrisé par influence. L'électricité de même nature que celle du nuage est refoulée dans le sol, tandis que celle de nature contraire s'écoule continuellement par la pointe et neutralise sans explosion l'électricité libre du nuage orageux.

L'électricité ne se produit pas seulement par le frottement, la compression, la chaleur, et par la plupart des actions chimiques. Elle se produit aussi par le seul contact de deux corps de nature différente. Galvani observa le premier ce phénomène remarquable, mais il se trompa sur sa cause; Volta l'expliqua en prouvant que deux corps de nature différente mis en contact acquièrent des électricités différentes.

Si vous mettez en contact un disque de zinc et un disque de cuivre, le zinc s'électrise positivement et le cuivre négativement. C'est sur ce fait que repose la pile voltaïque, construite par Volta. Elle se compose de disques de cuivre et de zinc accouplés, soudés ensemble et séparés par des rondelles de drap humides. C'est la pile électrique à colonne. La voici.

Si vous touchez les deux extrémités de cette pile avec deux doigts mouillés, vous éprouverez une commotion qui diffère de celle causée par la machine électrique en ce qu'elle se renouvelle.

Cette durée constante prouve que la pile engendre un courant continu d'électricité. Mais pour cela, il faut que les deux extrémités de la pile soient réunies par un corps conducteur, autrement elles restent chargées, l'une d'électricité positive, l'autre d'électricité négative. Le courant ne s'établit que lorsqu'on joint les deux extrémités, appelées pôles, au moyen de fils de cuivre. Approchez les deux bouts libres de ces fils, le courant électrique s'établira.

C'est à cause de cet empilement les unes sur les autres de toutes les rondelles le composant, que cet instrument a reçu le nom de *pile*, qu'il a conservé depuis, bien que les dispositions données aux appareils destinés à produire l'électricité par le contact aient été profondément modifiées.

En effet, on construit aujourd'hui des piles qui diffèrent entièrement de celle que vous avez sous les yeux. L'une des plus usitées est la pile de Bunsen, qui ressemble en beaucoup de points à celles dont on se sert dans les bureaux télégraphiques. Elle se compose d'un cylindre de charbon, formé d'un mélange calciné de deux parties de houille et d'une partie de coke, qui plonge verticalement dans un vase de porcelaine poreuse rempli d'acide azotique et placé, à son tour, au milieu d'un cylindre de zinc. Tout le système plonge dans un bocal de verre rempli d'eau acidulée. Une mince lame de cuivre est attachée au cylindre de zinc et constitue le pôle négatif de cette pile; son pôle positif est une autre lamelle de cuivre, fixée au cylindre de charbon. La pile de Bunsen marche très longtemps avec une intensité constante. On peut réunir ainsi plusieurs couples de Bunsen, en mettant le pôle positif de l'un en communication avec le pôle négatif de l'autre, et l'on obtient ainsi une batterie voltaïque capable de produire des effets très puissants.

L'étincelle électrique est douée d'un éclat extrêmement vif, mais très fugitif. En unissant les fils métalliques d'une pile à deux minces baguettes de charbon dur, compactes comme celui qui sert à constituer le pôle négatif de la pile de Bunsen, ces étincelles se manifestent sans discontinuité et produisent une lumière comparable à celle du soleil ; l'œil ne peut en soutenir l'éclat. C'est à Londres, en 1801, que fut faite pour la première fois, par Davy, cette belle expérience de production continue de la lumière électrique au moyen de la pile.

La lampe électrique se compose d'une colonne de verre isolée. A la partie supérieure est une poignée à laquelle se rattache une tringle porte-crayon traversée par une tige en relation avec l'un des pôles de la pile électrique ; à la partie inférieure, un système semblable de porte-crayon et de tringle conductrice communique avec l'autre pôle. Aussitôt que le courant circule et qu'au moyen de la poignée on a suffisamment rapproché les deux porte-crayons renfermant le charbon, l'étincelle jaillit.

La puissance de la lumière électrique ainsi produite est considérable ; on a calculé que le point lumineux provenant d'une pile de quarante-huit éléments de Bunsen, émet autant de clarté que six cents bougies. De nombreux essais ont été tentés pour appliquer à l'éclairage public ou particulier la lumière provenant d'une source électrique ; mais, outre que cette lumière blesse la vue, son pouvoir éclairant n'est nullement en rapport avec son éclat ; elle projette un rayon lumineux à une très grande distance, et cependant laisse plongés dans une obscurité profonde les objets placés dans son ombre ; elle est difficile à diviser, de telle sorte que chaque jet lumineux exige sa pile ; enfin, loin d'être immobile, elle est sujette à des augmentations, à des diminutions d'éclat très fatigantes pour les yeux.

Les tentatives pour faire servir la lumière électrique à l'éclairage des travaux de nuit ont donné des résultats assez satisfaisants. Les travaux du pont Notre-Dame, à Paris, ceux du nouveau Louvre et du palais du Champ de Mars, en 1867, ont été poursuivis durant la nuit, grâce à la clarté projetée par les lampes électriques. Quant à l'éclairage des rues et des promenades publiques, je vous ai dit quels obstacles se sont opposés à sa réalisation générale jusqu'à ce jour. A Paris, toutefois, plusieurs boulevards, notamment celui de l'Opéra, sont éclairés à la lumière électrique.

Le vrai triomphe de la lumière électrique est au théâtre, à l'Opéra notamment, où la lumière émane d'une pile de Bunsen de quarante à cinquante éléments. Les rayons lumineux projetés par une ou plusieurs lampes sont concentrés par un réflecteur et dirigés sur le personnage à éclairer. Celui-ci est alors enveloppé de clarté, toute sa personne resplendit, ses vêtements sont éblouissants et son visage paraît transparent ; si les autres personnages restent plongés dans une obscurité relative, l'effet est saisissant.

Lorsqu'il s'agit de produire des effets de coloration intenses, on fait traverser aux rayons de la lampe électrique des verres teintés. Si l'on veut rendre lumineuses et diversement colorées les eaux d'une fontaine jaillissante, la lampe, disposée sous le réservoir à fond de verre qui contient ces eaux, traverse la masse liquide, l'éclaire ainsi que l'espace qu'elle doit parcourir en montant et retombant : chaque particule du jet se pénètre de clarté et réfléchit toutes les couleurs de l'arc-en-ciel.

Mais l'une des applications les plus heureuses et les plus utiles de la lampe électrique est celle qui a pour objet l'éclairage des phares et celui des navires. Des expériences faites à diverses reprises ont démontré qu'un faisceau de lumière électrique dirigé d'un navire sur un autre éclaire assez vivement ce dernier pour qu'à deux ou trois kilomètres de distance, on puisse lire son nom et distinguer les couleurs de son pavillon.

Un sel chimique dissous dans l'eau, le sulfate de cuivre, par exemple, et traversé par le courant électrique de la pile, se décompose, c'est-à-dire que l'acide et le métal se séparent pour se rendre, le premier au pôle positif, le second au pôle négatif. Les molécules du métal se réunissent, se soudent les unes aux autres, et forment bientôt une masse compacte de métal absolument pur : de cuivre, quand c'est un sel de cuivre que l'on soumet à l'action de la pile ; d'or ou d'argent, lorsque les sels décomposés sont des sels d'or ou d'argent.

C'est sur ce fait qu'est basée la galvanoplastie, art de modeler les métaux au moyen du fluide voltaïque, et que l'on appelle aussi électro-chimie, à cause de l'action chimique qu'exerce le fluide électrique. Devenue aujourd'hui une grande industrie, la galvanoplastie se divise en deux branches principales : l'une a pour objet la reproduction en métal des travaux de la ciselure, de la sculpture, de la gravure ; l'autre s'occupe du revêtement de certains métaux par d'autres plus précieux ou moins altérables à l'air.

— Le dîner est servi, dit Mme Dubreuil en entrant dans le cabinet. Assez de physique pour aujourd'hui. J'espère que MM. Bernard nous feront le plaisir de se mettre à table avec nous.

VIII.

LA BOUSSOLE ET LE TÉLÉGRAPHE ÉLECTRIQUE.

L'aimant. — Propriétés des aimants. — Aimants naturels et aimants
artificiels. — L'aiguille aimantée. — Les fluides magnétiques. —
L'électro-aimant. — Le télégraphe électrique. — L'horloge électrique.

— Je vais vous entretenir ce soir des aimants,
dit un dimanche, après le souper, le docteur
Michel à ses neveux. L'aimant est un corps lourd,
de couleur noirâtre, brillante, qui possède la
propriété d'attirer le fer. C'est un minerai que les
chimistes appellent oxyde de fer, c'est-à-dire une
combinaison intime de gaz oxygène et de fer.
C'est principalement en Suède que l'on trouve
des mines d'aimant, d'où l'on extrait le métal si

estimé sous le nom de fer de Suède et que les Anglais réservent pour la fabrication des rasoirs dont l'excellente qualité a fait la fortune de la ville de Sheffield.

Un berger du mont Ida, nommé Magnès, ayant un jour enfoncé en terre son bâton ferré, le sentit retenu par une force invisible. Surpris de ce fait, le berger creusa le sol et découvrit la pierre d'aimant. Pline raconte cette légende, et depuis on a donné aux phénomènes produits par les aimants le nom de magnétisme.

Longtemps on crut que le fer seul était attiré par l'aimant; aujourd'hui, on a reconnu que l'action de l'aimant est due à un fluide analogue à l'électricité et qu'elle s'exerce sur plusieurs corps de même que sur le fer, mais à un degré moins sensible.

Le magnétisme de l'aimant se transmet très facilement au fer et lui communique ses pro-priétés d'attirer et de retenir les objets également en fer. En effet, si nous touchons avec un aimant une petite clef en fer, elle reste suspendue à la pierre; et cette clef venant à toucher à un clou de fer ou tout autre objet de même métal, celui-ci s'y attache et, à son tour, acquiert le pouvoir d'attirer et de retenir à lui d'autres objets en fer. On peut ainsi former une chaîne au moyen d'objets semblables ou divers, retenus les uns aux autres sans l'intervention d'aucune force apparente.

Le fer ordinaire n'acquiert la force magnétique qu'au seul instant de son contact avec l'aimant ; mais l'acier la conserve un temps indéfini, si on le frotte plusieurs fois, et toujours dans le même sens, avec une pierre d'aimant. Une barre d'acier ainsi traitée constitue ce qu'on appelle un aimant artificiel. Pour toutes les expériences dans lesquelles doit intervenir l'aimant, on préfère les aimants artificiels aux aimants naturels, à cause de leur plus grande facilité de maniement et de leur force magnétique plus intense.

Quand on approche un aimant de la limaille de fer, on remarque certains centres d'action vers lesquels les grains de limaille se dirigent de préférence. Ces points ont reçu le nom de pôles : ils sont situés, l'un vers une extrémité du barreau aimanté, l'autre vers l'extrémité opposée.

Si l'on suspend une aiguille aimantée dans une position horizontale, on observe qu'après avoir oscillé quelque temps, elle s'arrête dans une direction particulière, à laquelle elle revient toujours quand elle en a été écartée. Dans cette direction, une de ses extrémités regarde le pôle nord de la terre et l'autre le pôle sud. C'est sur ce principe qu'est fondé l'usage de la boussole, répandue déjà en Europe à la fin du xiie siècle. Une boussole se compose de deux parties : la première est une boîte dont le fond est occupé par une plaque de cuivre, sur laquelle sont marqués les quatre points cardinaux et la rose des vents. Au centre, s'élève un pivot d'acier poli. La seconde partie consiste en une fine aiguille d'acier aimantée, munie à son centre d'une petite cavité où se trouve incrustée une pierre d'agate destinée à recevoir la pointe du pivot, sur laquelle l'aiguille peut tourner ainsi librement dans une position horizontale. Est-il nécessaire de vous dire combien cet instrument est précieux aux navigateurs, dont il est le guide à travers les écueils et les tempêtes de l'Océan ?

Deux aiguilles aimantées suspendues horizontalement à quelque distance l'une de l'autre prennent des directions sensiblement parallèles. Mais si, prenant l'une de ces deux aiguilles à la main, on présente successivement l'une de ses extrémités aux deux extrémités de celle qui est restée suspendue, on constate que les extrémités des aiguilles qui se dirigeaient vers le même point de l'horizon se repoussent et que celles qui se dirigeaient vers des points opposés s'attirent.

Les physiciens, cherchant la raison de ces attractions et de ces répulsions, furent conduits à admettre l'existence de deux fluides magnétiques, comme ils avaient déjà admis l'existence de deux fluides électriques. Et comme la terre se comporte dans les phénomènes magnétiques comme un puissant aimant, ayant des centres d'action situés vers le pôle boréal et vers le pôle austral, ils appelèront l'un des fluides magnétiques fluide boréal et l'autre fluide austral. Dans une aiguille aimantée, le pôle boréal se tourne vers le sud et le pôle austral vers le nord, en vertu de ce principe que les fluides de même nom se repoussent et ceux de nom contraire s'attirent, de même que pour l'électricité, avec laquelle le magnétisme a les plus grands rapports, si toutefois il ne lui est pas identique.

Parmi les phénomènes curieux que l'on peut produire à l'aide de la pile électrique, il n'y en a pas de plus remarquable que celui de l'aimantation du fer doux. Vous savez qu'il n'est pas possible d'aimanter le fer doux au moyen d'un aimant ; mais à l'aide de la pile électrique, rien n'est plus facile.

A cet effet, on prend un fil de cuivre recouvert, dans toute sa longueur, de soie ou de coton, et on le tourne en spirale autour d'une barre de fer doux. Si l'on met ensuite une des extrémités de ce fil de cuivre en contact avec le pôle positif, et l'autre en contact avec le pôle négatif d'une pile électrique ou d'une batterie voltaïque, la barre de fer doux acquiert instantanément la propriété magnétique, elle devient un aimant et elle attire à soi les morceaux de fer ou d'acier qu'on lui présente.

Aussitôt qu'on détache l'une des extrémités du fil de cuivre du pôle de la pile avec lequel elle est en contact, la barre de fer doux perd sa propriété magnétique ; elle revient à son état naturel, et, par conséquent, n'attire plus le fer et l'acier qu'on lui présente.

Ces résultats s'observent quelle que soit la distance qui sépare la pile de la barre de fer doux. Ils se produisent instantanément. Ainsi, quand même la pile se trouverait à quatre mille kilomètres de la barre de fer doux, celle-ci s'aimantera toujours à l'instant même où l'on mettra les extrémités du fil conducteur en contact avec les deux pôles de la pile ; elle perdra sa propriété magnétique à l'instant même où l'on interrompra la communication entre les deux pôles. Seulement le nombre des couples de la batterie doit être d'autant plus grand, que la distance entre la barre de fer et la pile est plus considérable.

La barre de fer doux ainsi aimantée constitue

ce qu'on appelle un électro-aimant. On dit que le circuit est établi, ou qu'il y a communication entre les deux pôles de la pile, lorsque le fluide électrique peut se rendre librement d'un pôle à l'autre, en parcourant le fil conducteur qui entoure l'électro-aimant.

L'électro-magnétisme est une science toute nouvelle : elle a fait déjà d'immenses progrès et produit de grandes découvertes, entre autres celle du télégraphe électrique.

Supposons qu'on veuille établir un télégraphe électrique de Paris à Lille. A cet effet, on fera placer un électro-aimant à Lille et une pile à Paris. On attachera au pôle positif de cette pile un fil métallique qu'on conduira sur des poteaux jusqu'à Lille, où on le contournera un grand nombre de fois en spirale autour d'une barre de fer doux qui est l'électro-aimant. La portion du fil métallique qui entoure la barre de fer doux doit être recouverte de soie ou de coton. On ramènera ensuite à Paris l'extrémité libre du fil métallique, tout près du pôle négatif de la pile.

Un petit levier de cuivre, auquel est attaché

un morceau de fer, est placé à Lille au-dessus de l'électro-aimant. Chaque fois que l'on fermera à Paris le circuit, en mettant en contact avec le pôle négatif de la pile l'extrémité du fil conducteur qui revient de Lille, la barre de fer doux qui se trouve dans cette dernière ville deviendra un aimant qui attirera le petit levier au-dessus de lui. Chaque fois, au contraire, que l'on interrompra à Paris la communication entre les deux pôles de la pile, ce qui se fait en éloignant le fil conducteur du pôle négatif, l'électro-aimant de Lille cessera d'attirer le petit levier, et celui-ci, repoussé par un petit ressort disposé à cet effet, reprendra sa première position.

Donc, en interrompant et rétablissant alternativement la communication entre les deux pôles de la pile, on verra à Lille le petit levier monter et descendre alternativement. Or, le mouvement de va-et-vient du petit levier se communique, au moyen d'un mécanisme particulier, à une roue dentée qui avance d'une dent à la fois. Cette roue présente autant de dents qu'il y a de lettres à l'alphabet. Son axe passe par le centre d'un cadran et porte une aiguille qui parcourt les lettres dessinées sur le pourtour de ce cadran. Par cette disposition, l'aiguille se met à parcourir les divisions du cadran lorsqu'on interrompt et rétablit successivement à Paris la communication entre les deux pôles de la pile : ainsi il suffit d'ouvrir et de fermer à Paris quinze fois de suite, par exemple, le circuit électrique, pour faire avancer à Lille l'aiguille de quinze lettres.

On pourrait donc déjà, à la rigueur, transmettre de Paris à Lille une dépêche quelconque ; mais ce mode de transmission ne serait pas commode, parce qu'on se trouverait dans la nécessité de calculer d'avance de combien de divisions l'aiguille de Lille devrait s'avancer pour se trouver vis-à-vis de la lettre qu'on veut indiquer.

Pour parer à cet inconvénient, on a établi à Paris une roue métallique garnie du même nombre de dents que celle de Lille ; son axe porte aussi une aiguille, qui parcourt les lettres représentées sur un cadran semblable à celui de Lille. Le fil conducteur qui revient de Lille repose sur l'axe de cette roue, tandis qu'un petit ressort métallique, qui est en communication avec le pôle négatif de la pile, s'appuie contre les dents de sa circonférence. En faisant alors tourner l'aiguille du cadran établi à Paris, on fait mouvoir la roue, et le ressort qui s'appuie sur sa circonférence tombe tantôt sur une dent, tantôt entre deux dents consécutives. De cette façon, la communication entre les deux pôles de la pile est interrompue chaque fois que le ressort attaché au pôle négatif vient tomber entre deux dents sans toucher la roue, tandis qu'elle se trouve rétablie lorsque ce ressort repose sur une des dents. En effet, dans ce dernier cas, l'électricité peut se rendre du pôle positif de la pile au pôle négatif, en parcourant le fil conducteur qui va de Paris à Lille et revient vers la première ville, et ensuite en traversant la roue métallique située à Paris, ainsi que le ressort qui aboutit au pôle négatif.

Vous allez comprendre maintenant comment on peut transmettre une dépêche de Paris à Lille. Supposons que les aiguilles dans les deux stations indiquent la même lettre. Si je fais avancer à Paris l'aiguille de sept lettres, par exemple, j'interromprai et rétablirai ainsi sept fois de suite la communication entre les deux pôles de la pile. Et qu'en résultera-t-il ? C'est que l'électro-aimant ou la barre de fer doux établie à Lille attirera sept fois le petit levier placé au-dessus d'elle, et sept fois le laissera repousser par le petit ressort adapté à ce levier. Ce mouvement du petit levier fera avancer la roue de sept dents et l'aiguille de sept lettres, c'est-à-dire d'autant de lettres que celle de Bruges ; ces deux aiguilles indiqueront donc constamment les mêmes lettres.

Veut-on transmettre de Paris à Lille le mot *ami* ? L'employé de Paris portera l'aiguille du cadran devant la lettre *a* et l'y arrêtera quelques instants ; au même moment, l'aiguille du cadran de Lille se mettra aussi en mouvement et viendra de même s'arrêter quelques instants devant la lettre *a*. On amènera ensuite à Paris l'aiguille devant les lettres *m* et *i,* en ayant soin de l'arrêter un peu devant chacune d'elles ; l'aiguille de Lille viendra aussi se placer et s'arrêter un peu devant ces mêmes lettres. En inscrivant donc à Lille toutes les lettres devant lesquelles l'aiguille s'est arrêtée, on aura le mot *ami*.

Une petite croix sépare, sur les deux cadrans, les lettre *a* et *z*; c'est devant elle qu'on amène l'aiguille après chaque mot de la phrase à transmettre. On l'y amène encore après l'achèvement de la dépêche, pour indiquer que l'opération est terminée.

Dans ces derniers temps, on a trouvé qu'un seul fil suffit pour établir une ligne télégraphique entre deux villes, le globe terrestre faisant fonction de second fil. Dans ce but, on enfouit dans la terre une grande plaque métallique dans chacune des deux villes : dans l'une, la plaque communique avec l'électro-aimant ; dans l'autre, avec le pôle négatif de la pile. Toutefois on s'explique difficilement pourquoi l'électricité suivrait précisément dans le sol la ligne qui la reporterait vers l'un des pôles de la pile et ne se disperserait pas plutôt dans toutes les directions. Aussi admet-on avec plus de raison aujourd'hui que la terre, agissant comme réservoir, absorbe, aux deux extrémités libres des fils, les électricités que la pile y envoie ; d'où résulte, dans le fil, le même courant continu que si ses deux extrémités se touchaient.

Il y a plusieurs systèmes de télégraphes électriques : les télégraphes à signaux ou à cadran, dont je viens de vous parler, et les télégraphes écrivant ou imprimant. Ce dernier, inventé par l'Américain Morse, trace lui-même les signes sur une bande de papier, à mesure qu'ils sont transmis. C'est une garantie contre les erreurs de l'employé ; les résultats ne disparaissent pas avec l'action qui les a produits.

Les horloges électriques sont des appareils d'horlogerie dont un électro-aimant, au moyen d'un courant électrique successivement interrompu, est en même temps le moteur et le régulateur. C'est ainsi qu'une seule horloge régulatrice peut diriger toutes les aiguilles des horloges d'une maison, d'une ville, d'un pays entier, et cela avec une précision telle, que toutes marquent instantanément la même seconde.

Les sonnettes électriques sont des appareils

que l'on peut mettre en action à de grandes distances, au moyen d'un électro-aimant, dont le courant, mis en mouvement quand on presse un bouton, fait s'agiter le marteau d'un timbre placé, par exemple, dans la chambre à coucher d'un maître d'hôtel. Ces instruments reposent sur les mêmes principes que ceux qui régissent les télégraphes électriques.

M. Michel s'arrêta un instant.

— Je me sens fatigué, dit-il; nous reprendrons cette causerie un autre jour.

— L'explication du télégraphe électrique m'a beaucoup intéressé, mon oncle, dit Henri. Mais voici que vous avez parcouru presque tous les phénomènes ordinairement compris sous le nom de physique : que nous reste-t-il encore à étudier ?

— La partie de la physique qui traite des propriétés et des phénomènes de la lumière. Nous nous en occuperons demain, si mes malades m'en laissent le loisir.

IX.

LA LUMIÈRE.

Définition de la lumière. — Les corps lumineux et les corps non lumineux. — Intensité de la lumière. — Sa propagation. — Sa vitesse. — Réflexion et réfraction. — Les mirages. — Le spectre solaire. — Les sept couleurs fondamentales. — Recomposition de la lumière. — L'œil. — Presbytes et myopes. — Phénomènes de la vision.

— La lumière, dit M. Michel, est l'agent qui établit une communication entre notre œil et les objets extérieurs qu'elle nous rend visibles. Les diverses sources de la lumière sont le soleil, les étoiles, la chaleur, l'électricité, les combinaisons chimiques, la phosphorescence et les phénomènes météoriques.

On dit qu'un corps est lumineux lorsqu'il

émet de la lumière autour de lui, et dans tous les sens, comme un flambeau, une lampe, une bougie.

Les corps non lumineux peuvent être rangés en trois classes : les corps diaphanes ou transparents qui livrent passage à la lumière et qui peuvent laisser voir la forme et la couleur des objets, tels que l'eau, l'air, le verre ; les corps translucides qui laissent passer la lumière, mais ne permettent pas de distinguer la forme des objets, par exemple le papier, les étoffes, le verre dépoli ; les corps opaques qui interceptent complètement la lumière.

L'intensité de la lumière varie avec la distance : elle nous paraît d'autant plus vive, que nous sommes plus rapprochés des corps qui lui donnent naissance. L'ombre projetée par les objets est d'autant plus forte, que la lumière qui les éclaire est plus vive.

Les surfaces polies réfléchissent la lumière. En effet, combien de fois ne vous êtes-vous pas amusés à renvoyer sur un mur la lumière solaire à l'aide d'un morceau de verre ! C'est sur cette propriété de la lumière que sont fondés les miroirs. Vous savez que les images qui s'y produisent dépendent de la disposition de leur surface. Voici plusieurs sortes de miroirs. Et d'abord un miroir plan : dans ce miroir, l'image apparaît égale à l'objet qui lui donne naissance. Dans ce miroir concave, l'image se trouve être plus grande que l'objet ; dans cet autre, qui est convexe, l'image est plus petite, au contraire.

Mais comment se propage la lumière ? Avec une vitesse prodigieuse. On a calculé qu'elle parcourt 340,000 kilomètres par seconde. Elle franchit en huit minutes treize secondes la distance du soleil à la terre.

La lumière, dans un milieu homogène, se propage toujours en ligne droite. En effet, quand on observe la lumière solaire qui pénètre dans une chambre par un trou pratiqué dans les volets, on remarque dans l'air une traînée lumineuse rectiligne, qui est due à la poussière qui voltige dans la chambre et qu'illuminent les rayons du soleil.

Cependant il est des circonstances où la

lumière change de direction : c'est lorsque les rayons lumineux passent obliquement d'une substance transparente dans une autre dont la densité diffère de la première. Ce phénomène s'appelle réfraction de la lumière, et produit des effets singuliers. Si l'on plonge obliquement et en partie un bâton dans l'eau, qui est plus dense que l'air, ce bâton paraît brisé au point d'immersion, preuve évidente qu'il y a déviation des rayons lumineux. L'air atmosphérique réfracte les rayons lumineux qui lui viennent des astres et du soleil : c'est pourquoi le soleil et les autres astres nous paraissent plus élevés au-dessus de l'horizon qu'ils ne le sont en réalité.

Le verre et le cristal réfractent aussi à un haut degré les rayons lumineux qui traversent obliquement ces substances, et c'est sur cette propriété que sont fondés une foule d'appareils, non moins utiles que curieux et intéressants. Qui n'a entendu parler de ces verres qui semblent grossir les corps, de ces instruments qui rapprochent de la vue les objets les plus éloignés ? Et quelles belles découvertes l'homme n'a-t-il pas faites déjà au moyen de ces appareils ingénieux qui sont appelés à rendre encore tant de services aux sciences !

La lumière qui vient de parcourir un milieu réfringent et se présente pour passer dans un autre moins réfringent s'arrête quelquefois à la surface, y subit une réflexion totale, et repasse par le milieu déjà parcouru. Ce singulier phénomène a lieu toutes les fois que les rayons se présentent sous une trop grande obliquité à la surface qu'ils devraient naturellement traverser. Le fait de cette réflexion totale explique ces apparitions magiques connues sous le nom de mirages.

Je vais vous en citer un exemple ; c'est le mirage dont fut témoin toute l'armée française dans les plaines de la basse Egypte.

Fatigués par les marches forcées sous un soleil brûlant et dans une atmosphère étouffante et chargée de sable, baignés de sueur et tourmentés par une soif ardente, les soldats croyaient tout à coup apercevoir devant eux un lac immense, dont les eaux transparentes réfléchissaient des collines lointaines, des arbres, des villages; mais à mesure qu'ils avançaient vers ce lac enchanté, ses bords tant désirés fuyaient devant eux, ne laissant qu'un sable desséché à la place de sa nappe limpide. Les savants qui faisaient partie de l'expédition furent quelque temps, comme toute l'armée, le jouet de cette cruelle illusion; mais Monge en eut bientôt découvert et expliqué la cause.

Les prodiges de la Fata Morgana, si célèbres dans la Sicile et l'Italie méridionale, ne sont qu'un effet du mirage. A certains moments, on voit dans les airs des ruines, des colonnes, des châteaux, des palais, et une foule d'objets qui semblent se déplacer et qui changent d'aspect à chaque instant. Toute cette féerie est une représentation d'objets terrestres, invisibles dans l'état ordinaire de l'atmosphère, et qui deviennent apparents et mobiles quand les rayons de lumière qu'ils envoient se meuvent en ligne courbe dans des couches d'inégales densités.

« Un phénomène très singulier, dit Bernardin de Saint-Pierre, m'a été raconté par notre célèbre peintre Vernet, mon ami. Etant dans sa jeunesse en Italie, il se livrait particulièrement à l'étude du ciel et des effets de la lumière. Un jour, il fut bien surpris d'apercevoir dans les cieux la forme d'une ville renversée; il en distinguait parfaitement les clochers, les tours, les maisons; il se hâta de dessiner ce phénomène, et, résolu d'en connaître la cause, il s'achemina, suivant le même rumb de vent, dans les montagnes; mais quel fut son étonnement de trouver, à sept lieues de là, la ville dont il avait vu le spectre, et dont il avait le dessin dans son portefeuille ! »

Mais les milieux transparents ne produisent jamais des déviations plus remarquables sur la lumière qui les traverse, que quand ils ont la forme à laquelle les géomètres ont donné le nom de prisme.

Lorsqu'on fait passer à travers un prisme de verre un rayon de lumière et qu'on l'introduit dans une chambre obscure, ce rayon se dilate en y entrant et forme sur le mur une image colorée, qu'on appelle spectre solaire. Cette image est composée d'une infinité de nuances, parmi lesquelles on distingue sept couleurs principales, qui se succèdent par des transitions insensibles et sont rangées dans l'ordre suivant : violet, indigo, bleu, vert, jaune, orangé, rouge. Le violet est à la partie inférieure du prisme et le rouge à la partie supérieure.

La lumière n'est donc pas homogène, c'est-à-dire composée d'une seule sorte de rayons blancs. Elle est formée de sept couleurs différentes, et de la réunion de ces sept couleurs fondamentales résulte la lumière blanche ou la lumière ordinaire.

Voici un disque circulaire de carton, dont j'ai divisé la surface par des rayons en sept parties égales ; chacune de ces parties a ainsi à peu près la forme d'un triangle, dont le sommet se trouve au centre du disque. J'ai fait peindre sur chacune de ces parties une des couleurs fondamentales, en les disposant dans le même ordre que celui formé par le prisme. Si vous faites tourner rapidement ce disque sur l'axe horizontal qui le traverse au centre, vous ne verrez plus qu'une couleur blanche.

Le noir est l'absence de toute couleur, de toute lumière : ce n'est donc pas, à proprement parler, une couleur. Toutes les autres couleurs résultent de la réunion de deux ou de plusieurs couleurs fondamentales.

C'est par les yeux que nous percevons la lumière.

L'œil est un globe revêtu intérieurement d'une membrane très sensible appelée rétine. La lumière pénètre dans l'œil à travers la pupille, après avoir traversé la cornée, sorte de calotte sphérique transparente qui recouvre la prunelle. Là, déjà la lumière se réfracte, et le faisceau réfracté tombe sur le cristallin, petit corps situé derrière la prunelle et qui a la forme d'une lentille. Après s'être encore réfracté à travers le cristallin, le faisceau lumineux, resserré par ces deux réfractions, tombe sur la rétine et y produit l'impression de la vue.

L'âge, qui dessèche les organes, amène souvent un aplatissement de la partie antérieure de l'œil ou du cristallin, de sorte qu'on ne peut plus voir de près. On a donné à ce défaut de la vue le nom de presbytisme, parce qu'il est commun chez les vieillards. Au contraire, certaines personnes ne peuvent voir distinctement les objets que de très près, parce que chez elles la partie antérieure de l'œil ou le cristallin a une courbure trop forte. Cette affection s'appelle myopisme. On corrige ces défauts de la vue à l'aide de verres convergents ou divergents.

La plupart des corps de la nature sont visibles pour l'homme; il y en a cependant qui échappent entièrement à notre vue, et dont on ne soupçonnerait pas l'existence, si elle ne nous était révélée d'une autre manière. C'est ainsi que presque tous les corps gazeux échappent à la vue. Les substances transparentes, telles que le verre, le cristal, sont encore dans ce cas.

La grandeur apparente des corps varie beaucoup avec la distance. Vous savez que les objets semblent diminuer de volume à mesure que nous nous en éloignons davantage. Les girouettes des clochers, les ballons et les cerfs-volants suspendus dans l'air se montrent à nos yeux beaucoup plus petits que lorsque nous en sommes tout près.

Les étoiles sont infiniment plus grandes que le globe terrestre, et cependant, à cause de leur grand éloignement, elles nous apparaissent comme de petits points étincelants. A la simple vue, on croirait la lune tout aussi grande que le soleil, et cependant il n'en est rien. Ce dernier astre est beaucoup plus volumineux que le premier; la grande différence de leur éloignement de la terre est seule cause de cette illusion. Une longue allée d'arbres nous paraît plus étroite à son extrémité.

Un corps se montre d'autant plus distinctement à nos yeux, qu'il est plus vivement éclairé et que l'espace environnant est plus sombre et plus obscur. C'est ainsi qu'un rayon solaire, en pénétrant par une petite ouverture dans l'intérieur d'un appartement, rend visibles les atomes de poussière qu'il éclaire sur son passage. En plein air, ces atomes sont invisibles, quoique éclairés par le soleil, parce que l'espace environnant n'est pas assez obscur. C'est pour la même raison que nous n'apercevons pas les étoiles en plein jour, et que la flamme d'une bougie exposée aux rayons solaires est à peine visible.

C'est en vertu de la même loi que les éclairs se montrent plus souvent à nos yeux le soir que pendant le jour, et que, dans l'obscurité, nous voyons jaillir des étincelles du pavé frappé par les pieds des chevaux.

La pupille de l'œil possède la singulière propriété de se contracter ou de se dilater sous l'influence de la lumière ou de l'obscurité. Dans un lieu obscur, la pupille se dilate pour laisser entrer une plus grande quantité de rayons lumineux ; dans un lieu bien éclairé, elle se contracte, au contraire, parce qu'en raison de leur plus grande intensité, il n'est pas nécessaire qu'elle laisse pénétrer dans l'œil un aussi grand nombre de ces rayons. On peut très bien observer ces dilatations et ces contractions de la pupille, en approchant subitement une vive lumière de l'œil d'une personne et en l'en éloignant quelques instants après.

Cette propriété de la pupille nous rend compte d'une foule de faits qui se présentent tous les jours. Quand on passe d'un endroit éclairé dans un endroit obscur, il faut qu'un certain temps s'écoule avant de pouvoir distinguer les objets environnants, car la pupille doit opérer sa dilatation. Se rend-on de l'obscurité dans un lieu bien éclairé, on éprouve tout d'abord une sorte de malaise aux yeux et à la tête; car la pupille étant encore très ouverte, il y entre une trop grande quantité de lumière. Ce malaise se dissipe peu à peu, à mesure que la pupille se resserre.

Les personnes qui se trouvent dans un endroit peu éclairé voient assez bien, de là, les objets placés dans un autre lieu plus éclairé, tandis que le contraire arrive aux personnes qui sont dans ce dernier lieu. C'est que, chez les premières, la pupille est très ouverte, tandis qu'elle l'est très peu chez les dernières.

Les quadrupèdes ont en général la vue plus perçante que l'homme. Cela s'explique en partie par le plus grand développement de la pupille chez ces animaux. La pupille des chats, par exemple, est très large. En plein jour, elle a la forme d'une étroite fente longitudinale, tandis que dans l'obscurité on la voit circulaire ; elle présente alors la grandeur d'un petit cercle d'un centimètre environ de diamètre, Il entre donc pendant la nuit beaucoup plus de lumière dans l'œil de ces animaux que dans celui de l'homme. Les chouettes et presque tous les oiseaux nocturnes ont aussi la pupille très développée.

La sonnette de la porte extérieure se fit entendre. Bientôt la cloison du cabinet de physique s'ouvrit, et Mme Dubreuil parut sur le seuil.

— On vient te chercher, docteur, dit-elle.

— Je finissais précisément.

— A bientôt, mon oncle ! dit Henri à M. Michel, qui avait déjà pris sa canne et son chapeau.

X.

LES MÉTÉORES.

— De quoi allez-vous nous parler ce soir, mon oncle? demanda Gaston au docteur, après le souper frugal de la famille.

— D'une partie bien intéressante de la physique : des phénomènes qui se produisent dans l'atmosphère, des météores, en un mot. Cette étude est très propre à chasser de l'imagination toute frayeur déraisonnable, parce qu'elle nous apprend à ne voir dans un météore, quel qu'il soit, qu'un fait naturel, ayant une cause physique ordinairement bien connue, et non plus un prodige sinistre, funeste avant-coureur d'événements redoutables.

— D'où vient ce mot météore?

— D'un mot grec, qui signifie élevé, parce que presque tous les phénomènes météorologiques s'accomplissent au sein de cette masse d'air, qu'on appelle atmosphère, qui environne la terre jusqu'à une hauteur de soixante à soixante-dix kilomètres, et qu'elle emporte avec elle dans sa révolution autour du soleil.

— Et de quoi se compose cette atmosphère? demanda Henri.

— Cette masse gazeuse se compose principalement de deux gaz, l'oxygène et l'azote, mélangés d'un peu d'acide carbonique et d'une quantité plus ou moins considérable de vapeur d'eau. Cette vapeur s'élève sans cesse de la surface des mers, des lacs, des rivières et de tous les corps humides qui couvrent la terre. Or, les variations de cette vapeur se combinent avec celles de la température pour occasionner la plupart des phénomènes météorologiques.

Cette vapeur d'eau, cette humidité répandue dans l'air, agit sur un très grand nombre de corps, et de diverses manières, en pénétrant dans l'intérieur de leur masse. En s'insinuant entre leurs molécules, elle les allonge, les raccourcit, les gonfle, les tord ou les détord, suivant leur nature et la disposition de leur tissu.

En voici quelques exemples. Une corde neuve, exposée à la pluie ou à l'action de l'humidité, se raccourcit. Les toiles neuves subissent un retrait considérable quand elles sont mouillées. Les portes, les fenêtres des habitations se gonflent quelquefois au point de ne plus pouvoir s'ouvrir ou se fermer dans les temps humides.

Toutes les substances sur lesquelles l'humidité exerce ainsi une action quelconque sont appelées substances hygrométriques, de deux mots grecs, *hugros*, humide, et *métron*, mesure. Un hygro-mètre sera donc un instrument de physique servant à mesurer l'humidité de l'air.

On a mis souvent à profit les propriétés hygrométriques de certains corps pour vaincre des
résistances ou produire des effets mécaniques
extraordinaires. Le gigantesque obélisque de la
place Saint-Pierre de Rome a été élevé sur son
piédestal en mouillant les cordes qui le soute-
naient. De simples coins de bois, gonflés par
l'humidité, détachent de la masse du rocher ces
énormes blocs de pierre qui forment les meules
des moulins.

L'hygromètre a été inventé par de Saussure,
savant genévois, qui vivait vers la fin du siècle
dernier. La construction de cet instrument est
fondée sur la propriété que possède un cheveu
bien dégraissé de subir le même allongement ou
le même raccourcissement pour les mêmes degrés
d'humidité ou de sécheresse. Cet hygromètre
porte le nom d'hygromètre de Saussure ou
d'hygromètre à cheveu.

Pour le construire, on attache l'extrémité d'un
long cheveu bien lessivé à un point fixe, puis on
enroule le cheveu lui-même sur une petite poulie
dont l'axe porte une aiguille légère destinée à

parcourir les divisions d'un cadran, qui sont les degrés de l'hygromètre. Un petit contre-poids donne au cheveu une tension continuelle et toujours égale. Lorsque cet instrument est placé dans un air humide, le cheveu absorbe une certaine quantité de vapeur d'eau et s'allonge; alors le contre-poids descend et fait tourner la poulie, qui entraîne l'aiguille vers une extrémité du cadran. L'air qui environne l'hygromètre passe-t-il au sec, le cheveu perd son humidité; il subit donc un raccourcissement qui fait remonter le petit contre-poids et marcher l'aiguille dans un sens opposé au premier. Ces effets sont très sensibles : il suffit de diriger son haleine sur le cheveu pour produire un déplacement considérable de l'aiguille.

Mais, direz-vous, cet instrument n'est pas gradué. Pour former l'échelle hygrométrique, voici comment on procède. On place d'abord l'hygromètre sous une cloche contenant de l'air et une substance capable d'absorber l'humidité du récipient, ordinairement de la chaux vive, qui a beaucoup d'affinité pour l'eau. L'aiguille du cadran se met en mouvement, et quand elle a acquis une position stationnaire, ce qui peut n'arriver qu'au bout de deux ou trois jours, on marque sur le cadran, au point où elle s'arrête, le zéro de l'hygromètre : c'est le point de sécheresse extrême. On place ensuite l'instrument sous une autre cloche, dont les parois sont mouillées. L'air intérieur se sature d'humidité. L'aiguille tend alors rapidement vers une position opposée à la première, et devient stationnaire au bout d'une heure au plus. On marque 100 au point où s'arrête la pointe de l'aiguille : c'est le point de l'humidité extrême. L'intervalle compris sur le cadran entre les deux points déterminés est divisé en cent parties égales. Ce sont les degrés de l'hygromètre.

En général, l'état hygrométrique de l'air diminue à mesure qu'on s'élève dans l'atmosphère : sur le sommet des Alpes, Saussure a constaté que l'hygromètre ne monte pas au dessus de quarante degrés.

Vous avez pu voir souvent des hygromètres montés sous la forme de petits personnages qui, se couvrant d'un capuchon ou d'un parapluie, semblent inviter à se prémunir contre un changement de temps, ou bien paraissent annoncer, en se découvrant, le retour de la sérénité. Dans presque tous ces instruments, c'est une corde à boyau ou des filaments d'une substance végétale qui, en se détordant ou en se tordant plus ou moins par l'humidité, font mouvoir un levier fixé à l'une de leurs extrémités. Les pronostics de beau temps et de mauvais temps qu'on voudrait tirer de ces personnages seraient souvent trompeurs, car l'air peut être chargé de vapeurs d'eau sans que la pluie s'ensuive nécessairement.

Certains sels possèdent la propriété de se liquéfier à l'air. Ce phénomène hygrométrique se présente toutes les fois que la tension de la vapeur que les sels tendent à émettre est moindre que la tension de la vapeur de l'air. Dans ce cas, l'humidité de l'air, qui n'éprouve plus qu'un léger obstacle, s'introduit entre les molécules des sels et les sépare, de telle sorte qu'ils se fondent dans cette eau. En effet, le sel de cuisine placé dans un endroit humide se liquéfie facilement.

De l'humidité de l'air et des variations de la température naissent encore un grand nombre de météores qui nous frappent à peine, parce que nous les voyons tous les jours. Tels sont les brouillards, les nuages, la pluie, le serein, la rosée, la gelée, la neige, qui ont reçu le nom de météores *aqueux,* parce qu'ils sont produits par l'eau.

Les brouillards sont formés par de la vapeur d'eau qui se condense en subissant un abaissement de température. La fumée blanchâtre qui s'élève d'un vase plein d'eau chaude est un véritable brouillard. Il ne diffère en rien des brouillards formés sur les mers, les lacs et les rivières. Ils ont la même origine. Au moment de la formation de la vapeur d'eau, si la température de l'air est plus basse que celle de la vapeur, celle-ci se condense par le refroidissement, et apparaît sous forme de brouillard.

Pendant l'été, après une pluie d'orage, on remarque fréquemment des brouillards sur les rivières. Pourquoi? Parce que l'air saturé d'humidité étant plus chaud que la surface de l'eau, dès qu'il approche du milieu où la fraîcheur de la rivière se fait sentir, la vapeur d'eau qu'il contient se condense à l'instant. Telle est aussi la cause des brouillards qui se manifestent pendant l'hiver, au moment du dégel. C'est pour la même raison que le souffle de votre haleine ternit un miroir, et que, si je rapporte une bouteille de vin de ma cave qui est très froide, cette bouteille se couvre de vapeur d'eau condensée.

Enfin deux courants d'air saturés de vapeur d'eau et inégalement chauds peuvent encore donner naissance à du brouillard, s'ils viennent à se rencontrer et à se mêler. C'est à ces rencontres qu'il faut attribuer la formation soudaine, au sein même de l'atmosphère, de ces brouillards épais qui en troublent la transparence et voilent le ciel.

Les nuages sont des amas de brouillards, plus ou moins épais, suspendus à diverses hauteurs dans l'atmosphère, quelquefois immobiles, souvent emportés par des courants d'air ou par des vents impétueux. Tous les brouillards qui se forment sur la terre ou dans les airs deviennent

des nuages, lorsqu'ils sont rassemblés et entraînés par les vents.

La pluie est le résultat d'une forte condensation de la vapeur d'eau formant les nuages,
lorsque ces derniers traversent un milieu très
froid. Alors les molécules de cette vapeur d'eau
se réunissent en gouttes au milieu même de
l'atmosphère; et comme l'eau est plus pesante
que l'air, le propre poids de ces gouttes d'eau
les précipite sur la surface de la terre.

Le serein est une petite pluie fine qui tombe
quelquefois pendant l'été, et presque toujours
au coucher du soleil, sans qu'il y ait la moindre
apparence de nuages au ciel. Une pluie sans
nuages, direz-vous, est impossible! Je vais vous
expliquer ce phénomène. En été, pendant la
chaleur du jour, tous les corps humides aban-
donnent une grande quantité de vapeur d'eau,
qui se répand dans l'air sans en troubler la
transparence. Mais au coucher du soleil, la chaleur diminue, l'air se refroidit, les vapeurs se
condensent, et cette condensation produit le
serein.

C'est aussi pendant les belles nuits d'été que se produit le phénomène de la rosée. C'est la rosée qui remplit l'air d'une si délicieuse fraîcheur, qui se rassemble en gouttelettes sur les feuilles des plantes et dans la corolle des fleurs, qui brille comme des diamants liquides aux premiers rayons du soleil levant, pour bientôt remonter en vapeurs dans l'atmosphère d'où elle était descendue.

La rosée se produit en vertu des lois du rayonnement de la chaleur. La terre, échauffée pendant le jour par les rayons du soleil, rayonne ou renvoie, pendant la nuit, vers les espaces célestes une partie de la chaleur reçue. Il en est de même des végétaux et des différents objets placés sur 'a surface du globe. Cette déperdition de chaleur peut être telle, que la température de ces corps devienne plus basse que celle de l'air ambiant; c'est alors que la vapeur d'eau contenue dans l'air, se trouvant en contact avec des corps suffisamment refroidis, se condense et se dépose sur leur surface. Mais pour que la rosée puisse se produire, il faut que le ciel soit pur : s'il est couvert de nuages, ces derniers renvoient vers la terre la chaleur rayonnée et mettent ainsi obstacle à son refroidissement.

Lorsqu'une masse d'eau est exposée dans un vase à un abaissement de température suffisant, on voit s'allonger d'abord à sa surface de petites aiguilles qui, se multipliant, s'insèrent les unes entre les autres et finissent par former un corps solide, qui est la glace. Elle devient plus serrée et plus dure avec l'augmentation du froid.

Tous les corps liquides ne se congèlent pas à la même température. L'huile d'olives se maintient congelée jusque vers 10° au-dessus de zéro ; le mercure ne se congèle que vers 39° au-dessous ; l'eau se congèle à la température de 0°.

En se congelant, l'eau augmente de volume, c'est-à-dire qu'elle occupe un plus grand espace qu'à l'état liquide. Elle devient, par cela même, plus légère qu'un égal volume liquide, et c'est pourquoi la glace flotte à la surface de l'eau. D'où provient cette augmentation de volume ? Des alignements différents que doivent prendre les molécules de l'eau gelée pour occuper leur

nouvelle position. Elles sont forcées de se développer dans un espace plus étendu que celui
qu'exigeait l'état liquide.

Donc, en changeant d'état, l'eau congelée
jouit d'une force expansive considérable. Elle
brise les parois des vases qui la renfermaient à
l'état liquide ; elle fendille et fait craquer les
pierres où elle a pénétré. Un canon de fer, épais
d'un doigt, rempli d'eau et fermé exactement,
ayant été exposé à une forte gelée, se trouva
crevé en deux endroits au bout de douze
heures !

Le givre ou la gelée blanche s'observe dans nos
climats pendant les fraîches matinées du prin-
temps ou de l'automne : c'est de la rosée congelée
sur les corps descendus, par le rayonnement
nocturne, à la température de 0° ou au-dessous.

Le verglas est une couche de glace unie,
mince, transparente, qui couvre la terre et les
différents objets répandus à la surface du sol.
La condition nécessaire à sa production,
c'est que l'air soit assez chaud pour donner
naissance à la pluie, et que le sol soit assez

froid pour congeler cette pluie au moment où elle touche la terre.

Lorsque la température des régions supérieures de l'atmosphère est suffisamment basse, la vapeur d'eau condensée, au lieu de se résoudre en pluie, tombe, selon le degré du refroidissement, tantôt en neige, sous forme de flocons légers de différentes grosseurs et présentant des figures variées et symétriques, tantôt en grésil ou petites aiguilles de glace pressées et entrelacées, formant des espèces de pelotes assez dures, quelquefois enveloppées d'une couche de glace transparente. Le grésil est très commun en Europe, pendant les giboulées du mois de mars.

Enfin, si la température des régions supérieures de l'air est encore plus basse, l'eau se prend en masses solides et compactes, variables de grosseur et de forme, qui se précipitent sur la terre avec une violence d'où résultent souvent les plus terribles dégâts : c'est la grêle. La grosseur des grêlons ordinaires varie depuis celle d'un pois jusqu'à celle d'une noisette ; mais il en tombe souvent de beaucoup plus volumineux, qui brisent et dévastent tout ce qu'ils atteignent. On cite des grêlons dont le contour avait trente-sept centimètres et d'autres du poids de deux cent cinquante grammes.

Mais je vous ai suffisamment fait connaître les météores aqueux, et j'arrive à une autre classe de météores qui ont pour origine une agitation quelconque produite dans l'air, quelle qu'en soit la cause : tels sont, entre autres, les vents, les ouragans, les trombes.

Le vent est un mouvement de translation de l'air par lequel une portion de l'atmosphère se déplace avec une vitesse plus ou moins grande. Ce mouvement a lieu dans une direction déterminée, et c'est de cette direction que dérivent les noms que portent les vents. Ceux qui soufflent des points cardinaux sont les vents du nord, de l'est, du sud et de l'ouest ; puis viennent les vents de nord-est, sud-est, sud-ouest et nord-ouest. Entre ces points, on compte encore d'autres vents intermédiaires qui en élèvent le nombre jusqu'à trente-deux. Le tracé de ces trente-deux directions sur un cercle, en forme d'étoile, est connu sous le nom de *rose des vents.* Les girouettes placées au-dessus des édifices indiquent la direction des vents.

Les vents qui viennent des contrées du nord nous amènent le froid, parce qu'ils apportent avec eux des masses d'air refroidies par les glaces éternelles du pôle boréal ; ceux du sud, au contraire, ayant traversé des contrées échauffées par le soleil, répandent avec eux la chaleur. Les vents qui, venant de l'ouest, ont passé sur l'Océan dont ils apportent les vapeurs aqueuses, sont humides et pluvieux; ceux de l'est, qui n'ont traversé que des continents, produisent la sécheresse.

Les vents résultent d'un défaut d'équilibre dans l'air. Une prompte condensation des vapeurs au sein de l'atmosphère y produit souvent un vide immense qui ne peut se combler sans exciter une grande secousse atmosphérique. De même, la dilatation des vapeurs de l'air, soit par la chaleur directe du soleil, soit par la chaleur qu'il a communiquée à la terre, cause des déplacements dans les couches de l'atmosphère et par conséquent des agitations et des vents. Un simple nuage qui passe devant le soleil suffit pour troubler l'équilibre de l'air, en condensant les couches auxquelles il dérobe momentanément les rayons de cet astre.

On donne le nom d'ouragan aux vents d'une vitesse excessive. Cette vitesse est parfois de quatre-vingts kilomètres à l'heure. Dans nos climats tempérés, les ouragans sont rares et peu violents ; mais dans la zone torride et dans les contrées où les chaleurs sont fortes, les ouragans sont fréquents et d'une violence prodigieuse. Ils causent d'affreux ravages : des édifices solidement construits sont renversés, des parties de forêts couchées à terre, de vastes plantations détruites.

Une trombe est un tourbillon de vent rapide, qui descend des nuages jusqu'à la surface du sol et parcourt souvent une grande étendue de pays, en tournoyant avec un bruit semblable à celui d'une voiture pesante roulant au galop sur un chemin pavé. Aucune partie du globe n'est à l'abri de ce redoutable phénomène. Tantôt il absorbe les eaux de l'Océan, entraîne et brise les vaisseaux qu'il rencontre sur son passage ; tantôt il dessèche les lacs et les étangs, soulève des masses d'eau énormes, creuse dans le sol des excavations profondes, renverse les maisons, déracine les plus gros arbres, les transporte à des distances considérables, et couvre de leurs débris et d'un déluge d'eau le terrain sur lequel il vient éclater. Les globes de feu et la matière soufrée qui s'échappent souvent du sein de ces tourbillons sembleraient prouver que l'électricité n'est pas étrangère au phénomène des trombes.

Les vents rassemblent en nuages les vapeurs d'eau qui s'élèvent de la surface des mers, les promènent et dispersent sur l'étendue des continents ces nuées bienfaisantes qui tempèrent les ardeurs du soleil, rafraîchissent les campagnes desséchées, entretiennent la vie des végétaux et alimentent les sources des fleuves et des rivières. Ils remplacent, par un air pur, un air vicié par toutes sortes d'exhalaisons malsaines et pesti-lentielles. Ils sont l'auxiliaire puissant autant que peu coûteux de l'industrie et de la navigation, et, malgré la découverte des machines à vapeur, que de voiles qui s'enflent encore majestueusement et s'enfleront toujours au souffle des vents !

Les aérolithes sont des pierres qui tombent de l'air. Leur chute est ordinairement précédée d'un globe enflammé qui se meut dans l'espace avec une grande rapidité, laissant derrière lui une longue traînée de lumière. Après avoir brillé plus ou moins de temps, ce globe éclate avec bruit, et l'aérolithe tombe sur le sol, où il arrive brûlant et répandant une forte odeur de soufre. Certains aérolithes sont de nature pierreuse, d'autres formés de substances métalliques, particulièrement de nickel et de fer presque pur. Il en est dont le poids s'élève à des centaines de kilogrammes. Un aérolithe est tombé dans la Calabre en mars 1813. On vit venir de la mer, du côté de l'est, un nuage rouge qui répandit partout les ténèbres et l'effroi. On entendit dans l'air un bruit épouvantable et un mugissement semblable à celui des vagues irritées : l'éclair brilla, des traînées de feu sillonnèrent le ciel ; puis il tomba de grosses gouttes d'eau, des pierres et un sable rouge qui couvrit tout le pays.

Un autre phénomène qui paraît avoir un rapport intime avec les aérolithes, c'est l'apparition de ces météores lumineux qui se portent d'un point du ciel à l'autre, et auxquels on a donné le nom d'étoiles filantes. Ce ne sont peut-être, comme les aérolithes, que des débris, que des points lumineux et errants, des espèces de petites comètes rendues visibles, dans la traversée de notre atmosphère, par la chaleur prodigieuse qu'y développe leur marche extrêmement rapide.

Un mot maintenant des météores électriques. Et d'abord, la foudre. Vous savez que deux nuages chargés d'une même électricité se repoussent, tandis que s'ils sont chargés d'électricités contraires, ils s'attirent. Ces attractions et ces répulsions nous expliquent les mouvements extraordinaires que l'on remarque dans le ciel au moment des orages.

Au milieu de cette agitation générale, si deux nuages chargés d'électricités contraires viennent à se rencontrer, ils s'attireront mutuellement, et, arrivés à une certaine distance, leurs fluides électriques s'élanceront l'un vers l'autre pour se recombiner. De là cette immense étincelle que l'on nomme éclair, et cette détonation qui suit l'éclair et à laquelle on a donné le nom de tonnerre.

Quand on a vu briller l'éclair, l'effet de la foudre est produit; le reste n'est plus que du bruit. Vous savez, en effet, que le son se propage bien moins vite que la lumière. Plus il s'écoule de temps entre l'apparition de la lumière et le bruit du tonnerre, plus le nuage orageux est éloigné, moins le danger est imminent. Si le fracas du tonnerre suit immédiatement l'éclair, on peut être certain que la foudre a éclaté dans le voisinage.

La foudre n'éclate pas seulement lorsque deux nuages d'électricités contraires sont en présence. Lorsqu'un nuage orageux s'approche assez d'un point quelconque de la terre pour opérer en ce point une forte accumulation d'électricité, en décomposant par influence le fluide neutre du sol, l'étincelle électrique peut se produire entre le nuage et le point influencé. On dit alors que la foudre est tombée, quoiqu'en réalité il ne soit rien tombé du tout. Il n'y a eu que recomposition des fluides positif et négatif.

Le choc en retour est une commotion violente et même mortelle que ressentent parfois les hommes et les animaux à une assez grande distance. Ce phénomène a pour cause l'action par influence que le nuage orageux exerce sur tous les corps placés dans sa sphère d'activité. Ces corps se trouvent alors, en effet, chargés, ainsi que le sol, d'électricité contraire à celle du nuage. Or, si le nuage se décharge par la recomposition de son électricité avec celle du sol, l'influence cesse à l'instant, et les corps revenant brusquement de l'état électrique à l'état neutre, il en résulte la secousse qui caractérise le choc en retour. On rend ce phénomène sensible en plaçant une grenouille dans le voisinage d'une forte machine électrique : à chaque étincelle qu'on tire de cette machine, la grenouille éprouve une brusque secousse.

En général, les lieux élevés sont frappés de préférence par la foudre, à cause qu'ils sont plus rapprochés des nuages orageux. Aussi est-il dangereux, surtout dans une plaine où quelques arbres isolés sont répandus çà et là, d'aller, pendant un orage, chercher un abri sous l'épaisseur de leur feuillage.

Le choc en retour est moins violent dans ses effets que le choc direct : il ne produit point de combustion, et, s'il frappe de mort les hommes ou les animaux, on ne remarque sur eux ni brûlure, ni plaie, ni fracture. Le choc direct, au contraire, marque son passage par des dégâts de toute espèce : il creuse et remue la terre, brise les arbres, incendie les maisons, et laisse sur les hommes et les animaux foudroyés des traces de brûlure et des lésions plus ou moins considérables. Heureusement, Franklin, comme je vous l'ai dit, nous a donné le moyen de désarmer cette terrible puissance ou de détourner ses coups, en inventant le paratonnerre.

Il ne faut pas croire, comme se l'imaginent encore un grand nombre d'habitants de la campagne, que la présence d'un paratonnerre, tout en protégeant l'habitation qui le porte, attire de préférence la foudre sur les habitations environnantes qui en sont dépourvues. Cette crainte n'a aucun fondement scientifique.

On donne le nom de feux Saint-Elme à certaines aigrettes lumineuses qu'on aperçoit quelquefois, pendant les orages, à l'extrémité des pointes, et particulièrement au sommet des mâts des navires. Ces aigrettes sont dues à un écoulement d'électricité produit par l'influence de l'électricité atmosphérique.

L'expérience, en effet, a constaté que, par un temps serein, l'atmosphère se trouve chargée d'électricité positive, et que cette électricité s'y trouve accumulée en quantité plus considérable dans les hautes régions. Cela étant admis, on comprend sans difficulté que les corps situés à la surface de la terre et principalement les plus élevés, doivent se charger d'électricité négative.

L'aurore boréale est un phénomène assez rare

dans nos climats ; mais dans les régions polaires ses apparitions sont si régulières, qu'on peut dire avec raison que l'aurore boréale est le soleil de ces contrées. Une lueur confuse s'élève vers le nord. Bientôt des jets de lumière apparaissent au-dessus de l'horizon, et deux immenses colonnes de feu, l'une à l'occident, l'autre à l'orient, montent lentement vers le ciel. A mesure qu'elles grandissent, elles changent sans cesse de couleur et d'aspect : leur éclat passe du jaune au vert foncé ou au pourpre éclatant. Leurs sommets, parvenus à une grande hauteur, s'inclinent l'un vers l'autre et se réunissent pour former une voûte de feu d'une immense étendue. Cet arc se soutient majestueusement dans l'espace pendant des heures entières. Des traits de feu, qui le sillonnent sans cesse, s'élancent au dehors, comme des fusées étincelantes, et vont se concentrer au delà du zénith, dans un petit espace circulaire, qu'on appelle la couronne de l'aurore boréale.

Quand la couronne est formée, l'aurore a étalé toute sa magnificence. A partir de ce moment, le phénomène s'affaiblit, la couronne disparaît, l'arc devient plus pâle, puis on n'aperçoit plus que des lueurs incertaines qui s'éteignent insensiblement.

Tout porte à croire que l'aurore boréale est un phénomène électro-magnétique, analogue à la lumière électrique produite par la pile de Bunsen. En effet, le sommet de l'arc étincelant est généralement placé dans le méridien magnétique du globe.

Qui de vous, mes amis, ne s'est plu souvent à contempler ce splendide météore connu sous le nom d'arc-en-ciel, et dont les couleurs magnifiques paraissaient à des peuples païens dignes de parer une déesse ? Comme le spectre solaire, l'arc-en-ciel est le produit de la décomposition de la lumière à travers les gouttes d'eau d'un nuage qui se résout en pluie.

Les halos, ces cercles brillants et colorés qui apparaissent autour du disque du soleil ou de la lune, sont dus à de la lumière réfractée par des particules de glace suspendues dans les hautes régions de l'atmosphère.

Les parhélies et les parasélènes consistent dans

l'apparition simultanée de plusieurs soleils ou de plusieurs lunes, images fantastiques de ces deux astres, réunies entre elles par des arcs blancs et brillants. On attribue ce phénomène à de la lumière réfléchie par les mêmes particules de glaces qui produisent les halos.

M. Michel, fatigué de parler, se reposa un instant. Henri et Gaston, qui s'étaient levés de leur siège, se disposaient à souhaiter le bonsoir à leur oncle, lorsque celui-ci reprit :

— Ma tâche est terminée, mes enfants ; la vôtre commence. Complétez par l'étude ces notions élémentaires que vous avez écoutées avec tant d'attention. Un poète de l'antiquité chantait le bonheur de celui à qui il a été donné de connaître les causes qui président aux phéno-mènes de la nature. Vous trouverez une satis-faction réelle à augmenter en vous cette connais-sance par la lecture des bons auteurs et par une application soutenue aux mathématiques, qui sont la clef de toutes les démonstrations des phénomènes et des lois de la physique.

TABLE.

FIN DE LA TABLE.

Rouen. — Imp. MÉGARD et Co, rue Saint-Hilaire, 136.

www.ingramcontent.com/pod-product-compliance
Ingram Content Group UK Ltd.
Pitfield, Milton Keynes, MK11 3LW, UK
UKHW021922070726
13614UKWH00001B/197